はじめに

　電気は私たちの日常生活に欠かせないエネルギーです。
　その利用の歴史は、19世紀の先人達により電池や電磁気学の基礎が確立されたところから始まりました。20世紀前半になると、電話や電波機器が発明され、利用が進み、世界が結ばれました。20世紀後半は、真空管から半導体の時代・エレクトロニクスの時代となり、コンピュータが急速に進歩しました。電気機器にマイコンが使われて電子機器化すると、相互に結ばれるようになり情報通信の時代へと進んでいきました。21世紀に入ると携帯電話はスマートフォンへと進化し、完成度の高い電子機器製品がつぎつぎと開発されています。
　多くの偉大な先人たちのお陰で我々は、電気で動作する機器に囲まれて便利で快適な生活を送ることができています。ところが一旦、災害で電気が止まったり、電池が店頭から消えてしまったりするとこれらの機器は使えなくなり、にっちもさっちもいかなくなってしまいます。
　また、機器の使用中に感電したり、怪我をしたり、発煙や火災などが発生する事故も増加傾向にあります。これらの事故にはちょっとした電気の知識を持ち、注意して製品を選んだり使用していれば防止できたものも少なくありません。
　今後、普及が進んでいくと予想されているのが電気自動車です。電気自動車は、大容量の電池を積んでいます。この大容量の電池から交流電源を作りだすことができるので非常時に我々の生活を支援する装置としても電気自動車は注目を集めています。しかし、高い電圧と大容量の電流を扱っているので今まで以上に電気の知識が求められます。
　本書は、そんな大切な電気の世界を、基礎的理論から応用製品まで、できるだけ広範な視点で総括的に語ることを目的として、1・2・7章を常深が、3～6章を安藤が中心となって分担して執筆しました。
　本書が、電気に対して興味をもち、さらに知識を深め、電気を安全に正しく、有効に利用していただくための手ほどきの一歩になることを願っています。

2012年5月
著者一同

電気の基礎が一番わかる

電気の基本から応用まで
生活を支える電気のすべて

目次

はじめに ……… 3

第1章 電気の基本 ……… 9

1 作られる電気 ……… 10
2 電荷と帯電 ……… 12
3 自然界の電気 ……… 14
4 電子 ……… 16
5 電流 ……… 18
6 導体と絶縁体 ……… 20
7 電位、電位差と電圧 ……… 22
8 電解と磁界 ……… 24

第2章 電気の法則 ……… 27

1 オームの法則 ……… 28
2 ジュールの法則 ……… 30
3 クーロンの法則 ……… 32
4 ファラデーの電磁誘導法則 ……… 34
5 フレミングの法則 ……… 36
6 交流と直流 ……… 38
7 単相交流と三相交流 ……… 40
8 コンデンサとコイル ……… 42

CONTENTS

第3章 電気回路・電子回路 ……… 45

1 電気回路 ……… 46
2 電気素子① LCR受動部品 ……… 48
3 電気素子② 電磁部品 ……… 50
4 電子素子① 半導体の基礎 ……… 52
5 電子素子② 代表的な単体素子 ……… 56
6 電子素子③ 代表的な集積化素子 ……… 58
7 デジタル回路① 概念 ……… 60
8 デジタル回路② AND回路とOR回路 ……… 62
9 デジタル回路③ デジタル回路の実際 ……… 64
10 デジタル素子の仲間 ……… 66

第4章 発電・送電 ……… 69

1 発電の種類と方法 ……… 70
2 火力発電 ……… 72
3 水力発電 ……… 74
4 原子力発電 ……… 76
5 太陽光発電 ……… 78
6 風力発電・地熱発電・波力発電 ……… 80
7 バイオマス発電・ごみ発電 ……… 84
8 パーソナル発電・その他 ……… 86
9 送電のしくみ ……… 88

CONTENTS

第5章 さまざまな電池 ……… 93

1 電池開発の歴史的背景 ……… 94
2 電池の種類 ……… 96
3 電池の反応原理　負極、正極、セパレータ ……… 98
4 一次電池① マンガン乾電池／アルカリ乾電池／
　　　　　　酸化銀電池／水銀電池 ……… 101
5 一次電池② リチウム電池 ……… 104
6 二次電池① 蓄電池の充電方式 ……… 106
7 二次電池② 鉛蓄電池 ……… 110
8 二次電池③ ニッケル・カドミウム電池 ……… 112
9 二次電池④ ニッケル・水素電池 ……… 114
10 二次電池⑤ リチウムイオン電池 ……… 116
11 ナトリウム・硫黄電池とバックアップ蓄電システム ……… 118

第6章 動力、光、熱への利用 ……… 121

1 電気を動力へ① モータと発電機 ……… 122
2 電気を動力へ② モータの原理 ……… 124
3 電気を動力へ③ 逆起電力・効率 ……… 126
4 電気を動力へ④ いろいろなモータ ……… 128
5 電気を光へ① 白熱電球 ……… 132
6 電気を光へ② 蛍光灯 ……… 136
7 電気を光へ③ LED ……… 138

しくみ図解
電気の基礎が一番わかる
目次

8 電気を熱へ① ヒータ／IHヒータ ‥‥‥‥ 140
9 電気を熱へ② 電子レンジ ‥‥‥‥ 142
10 モータを使った電気製品 洗濯機／掃除機／冷蔵庫 ‥‥‥‥ 144
11 電子回路を使った電気製品① 医療診断・測定機器 ‥‥‥‥ 146
12 電子回路を使った電気製品②
　　電子楽器／ナビゲーションシステム ‥‥‥‥ 148

第7章 情報メディアと通信 ‥‥‥‥ 151

1 情報を電気化するということ ‥‥‥‥ 152
2 マイクロフォン ‥‥‥‥ 154
3 スピーカ ‥‥‥‥ 156
4 ディスプレイ① 屋外の媒体 ‥‥‥‥ 158
5 ディスプレイ② FPDの方式 ‥‥‥‥ 160
6 記録媒体① 音の記録と再生 ‥‥‥‥ 162
7 記録媒体② 画像の記録と再生 ‥‥‥‥ 164
8 記録媒体③ ICカード ‥‥‥‥ 166
9 放送と通信 ‥‥‥‥ 168
10 インターネットの進化　IPv4からIPv6へ ‥‥‥‥ 170
11 地上デジタルテレビ放送 ‥‥‥‥ 172
12 光通信 ‥‥‥‥ 174

しくみ図解

電気の基礎が一番わかる 目次

CONTENTS

🔵 Column

- 電気自動車の蓄電池 ……… 11
- 電気発見の歴史 ……… 26
- 幸運と非運の人・オーム ……… 29
- 一生醸造家で通したジュール ……… 31
- 電磁気学の創始者・クーロン ……… 33
- 名著「ロウソクの科学」の著者・ファラデー ……… 35
- 19世紀と20世紀を生き抜いたフレミング ……… 37
- 電気の国際単位 ……… 44
- ムーアの法則 ……… 59
- 台風で発電!? ……… 83
- 日本の発電所事情　50Hzと60Hz ……… 92
- 水銀電池 ……… 103
- 電気機関車のモータ ……… 130
- 世界の測位衛星システム ……… 150

- 巻末資料 ……… 176
- 参考文献 ……… 179
- 用語索引 ……… 180

第1章

電気の基本

本章では、身近な生活のなかのあらゆる場面で働いている電気を説明し、電子や電流、電圧といった電気の世界の基本的な概念を概観します。

作られる電気

　私たちの身の周りにある多くの電気製品は、電力会社から送られてくる商用電源や電池で動作しています。あまりに多くの製品に電気が使われているので普段、電気が使われていることさえ意識していないことすらあります。そこで災害が発生して停電してしまい、電気が使えなくなると一大事になります。

●家庭や身の周りで使われている電気

　電気は、水力、火力、原子力などのエネルギーを使って人工的に発電機を回して作り出すことができます。作り出された電気は、電力会社と契約している家庭まで電力供給システムを使って送り届けられます。各家庭では図1-1-1に示すような製品に、必要に応じて電気を供給します。製品では、電気を光、熱、音、動力、電波などに変換して動作します。我々の便利で快適な日常生活は、電気なしには成り立たないといっても過言ではありません。

図 1-1-1　電気のエネルギー変換と身近な製品

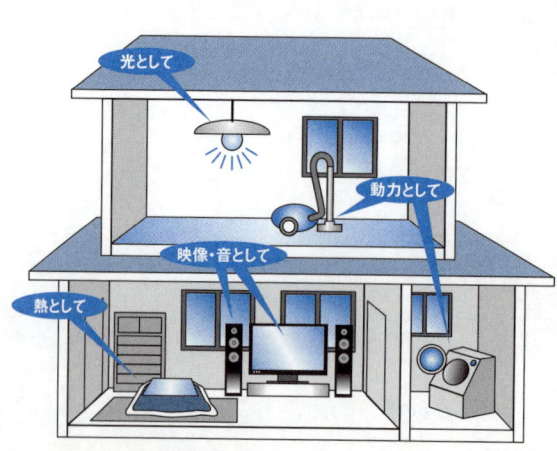

電気の働き	身近な製品例
光	蛍光灯、LED電球、ハロゲンランプ
熱	電気コンロ、アイロン、エアコン、冷蔵庫
映像・音	補聴器、ビデオカメラ、音楽プレーヤ
動力	洗濯機、掃除機、ミキサー、扇風機
電波の送受信	テレビ、ラジオ、電波時計、携帯電話
情報通信	パソコン、FAX、スマートフォン

●社会インフラに使われている電気

　電車や新幹線などの交通機関では電動機が動力として使われています。工場では、工作機械の動力や電熱炉の熱源などに電気が使われています。公共機関や病院、商店などの照明や冷暖房にも電気が使われています。このように社会を支えるインフラ設備では多量の電気が使われています。

図 1-1-2　社会インフラ設備に使われる電気

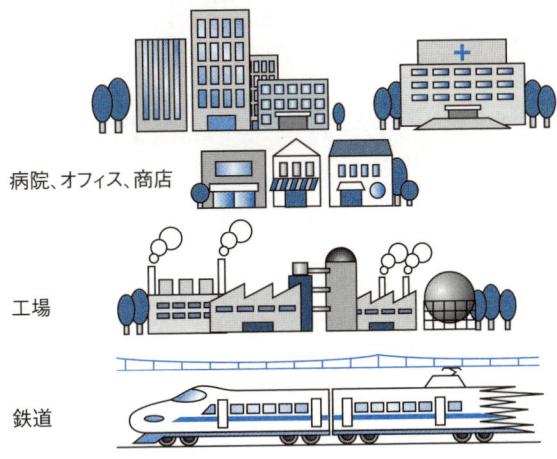

病院、オフィス、商店

工場

鉄道

Column

電気自動車の蓄電池

　近年普及が著しいハイブリッドカーや電気自動車には大容量の蓄電池が積まれています。普通のガソリン車には主に鉛蓄電池が使われていますが、電気自動車ではより軽量になる水素イオン蓄電池やリチウムイオン蓄電池が使われています。一般の家庭の1日の平均電力は 10kWh なので電気自動車の蓄電池が満タンに充電されていれば、家庭に1日以上の電力供給が可能になるので注目されています。

表 1-A　電気自動車の蓄電池

	日産 LEAF	三菱 i-MiEV	テスラ ロードスター	一般家庭の電力消費
電池容量	24kWh	16kWh	53kWh	10kWh/日

1-2 電荷と帯電

●正電荷と負電荷

電荷は、長い間正体がわからず、実験を通してその性質が解明されてきました。現在では正電荷を持つ「陽子」などの素粒子と負電荷を持つ「電子」などの素粒子が正体であることがわかっています。

陽子の周りをバランス状態で回っていた電子が外に飛び出すと原子は正電荷になります。反対にバランス状態にある原子に電子が外部から飛び込んでくると電子の数がバランス状態より増えるので、原子は負電荷になります。このように中性な水溶液や大気が正、負の電荷を帯びた原子になることを「イオン化する」とか「電離する」といいます。

図1-2-1　原子モデルの正電荷と負電荷のイメージ

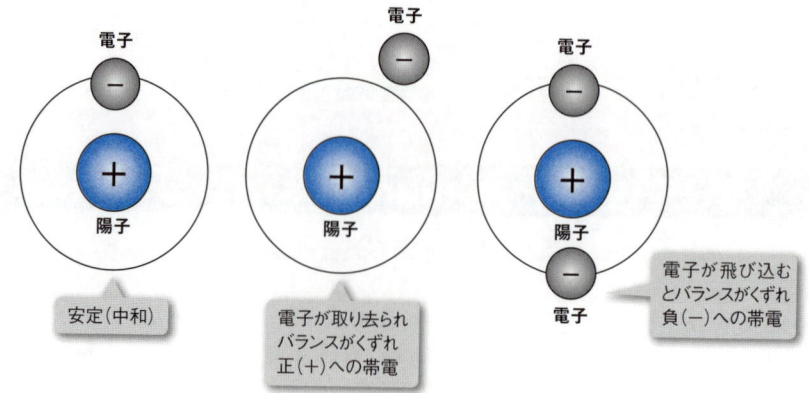

●帯電

電荷は帯電現象を通して解明されてきました。帯電している電荷は動きませんので「静電気」とよばれます。ところが電荷間の電位差、気圧などの条件を満たすと放電を起こして電荷が一気に移動することがあります。この現象を「静電気放電」とよんでいます。包装用のラップフィルムは、ロールより剥がされたときに帯電します。帯電している静電気の力でしっかりと食品等を包装できるのです。

【帯電の種類】

　冬の乾燥した空気の中で、ふかふかの絨毯の上を歩いてから金属のドアノブを触るとビリッと電撃を感じた経験があると思います。これは人体が絨毯と摩擦して帯電する摩擦帯電を起こしたためです。このような帯電の発生のモードとその名称を表1-2-1に示します。

表 1-2-1　帯電の発生と名称

名称	発生状況
摩擦帯電	物体どうしを摩擦するときに発生する帯電
剥離帯電	接触している物体を剥がすときに発生する帯電
接触帯電	2種類の物質が接触したときに発生する帯電
流動帯電	気体や粉体の流れや噴出で発生する帯電
誘導帯電	帯電物質が移動接近するとき対象に発生する帯電

【帯電の極性】

　物質により帯電する極性が異なります。また、帯電しやすい物質と帯電しにくい物質があります。図1-2-2に＋帯電から－帯電までの帯電列を示します。

図 1-2-2　帯電量とその極性

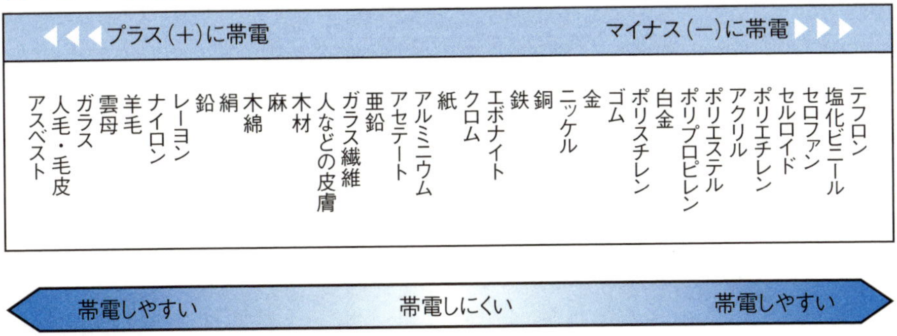

◀◀◀ プラス（＋）に帯電　　　　　　　　　　マイナス（－）に帯電 ▶▶▶

アスベスト／人毛・毛皮／ガラス／雲母／羊毛／ナイロン／レーヨン／鉛／絹／木綿／麻／木材／人などの皮膚／ガラス繊維／亜鉛／アセテート／アルミニウム／紙／エボナイト／クロム／鉄／銅／ニッケル／金／ゴム／ポリスチレン／白金／ポリプロピレン／ポリエステル／アクリル／ポリエチレン／セルロイド／セロファン／塩化ビニール／テフロン

帯電しやすい　　　　　帯電しにくい　　　　　帯電しやすい

●電荷量

　電荷の量は「電荷量」とよばれ、単位はクーロン（C）です。電荷量は、ある時間に流れた電流を積分した値になります。単位体積当たりの電荷量を「電荷密度」とよんでいます。

1-3 自然界の電気

　自然界には電気の働きにより発生する自然現象が、宇宙にも地球の大気中にも多数あります。その中から「雷」と「オーロラ」をみてみましょう。

●雷発生と落雷のメカニズム

　雲の中では、空気中の水蒸気が固体に変化して氷の粒が多数できます。雲の中を敏速に動き回っている気体の水蒸気は氷の粒に付着して急速に大きくなっていき、地上に落下しようとします。しかし地上が日射によって温められているときには強い上昇気流が発生して舞い上げられ、雲の中で上下を繰り返してさらに成長していきます。これらの氷の粒は、上下を繰り返すうちにこすれあう衝突を繰り返し、静電気を発生します。氷の粒が大きくなりすぎたり、上昇気流が弱くなったりして落下してくるのがあられやひょうです。

　氷の粒が衝突をしたときに、大きい粒が小さい粒の電子を叩き出します。すると叩き出された電子を受け取った大きな氷の粒は負に帯電します。一方、電子を叩き出した小さな氷の粒は正に帯電します。このようにして雲の上のほうに、正に帯電した小さく軽い氷の粒が集まり、下の方に負に帯電し

図 1-3-1　雷発生のメカニズム

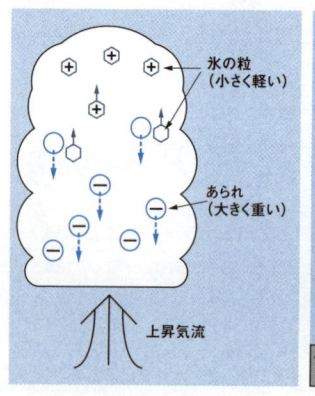

出典：佐賀県教育センターホームページ

た大きく重い氷の粒が集まります。雲の上部の正電荷と下部の負電荷の量がたまってくると放電します。このとき発生する音が雷鳴で、光が稲妻です。

　雲の底と対向する地表には静電誘導作用により正電荷が誘導されてきます。雲が低く立ち込めてくると雲の上空にある正電荷より地表に誘起された正電荷の方が近くなり、大地へと放電します。これが落雷です。

●オーロラのメカニズム

　太陽面から多量の帯電粒子が太陽風となって地球の周囲に飛来します。北極や南極の超高層大気中に侵入してきた帯電粒子が、地球の酸素原子や窒素原子と衝突したときに見られる発光現象、これをオーロラとよんでいます。

　太陽風が地球の磁気圏に吹き付け、磁気嵐が発生するとオーロラが北極圏や南極圏で観測されることが多くなります。また、強力な磁気嵐が発生すると電波による通信やテレビ、ラジオの放送波に障害が発生し、通信が長時間不通になることもあります。

図 1-3-2　オーロラ

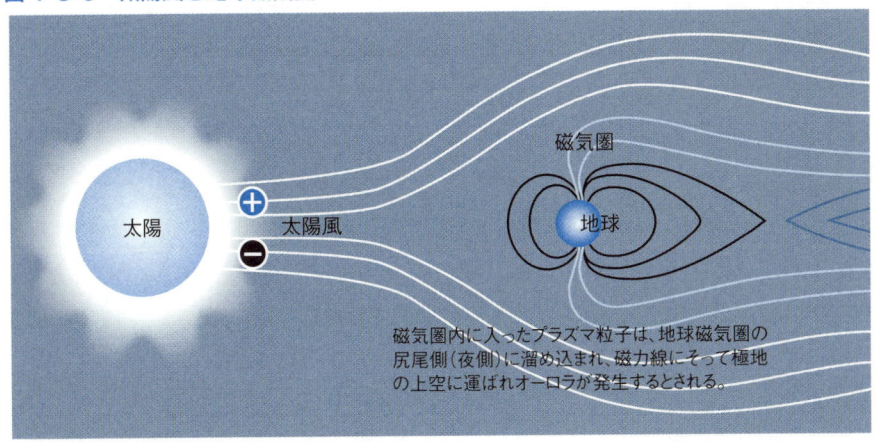

図 1-3-3　太陽風と地球磁気圏

磁気圏内に入ったプラズマ粒子は、地球磁気圏の尻尾側(夜側)に溜め込まれ、磁力線にそって極地の上空に運ばれオーロラが発生するとされる。

電子

●電子とイオン化

物質は多くの原子でできています。原子では原子核の周りの軌道を電子が回っています。原子核は陽子と中性子よりできています。表1-4-1に示すように元素によって原子核を構成する陽子と中性子の個数、軌道を回る電子の個数が決まっています。原子が外部から放射線、熱線や光線などのエネルギーをもらうと最外殻の軌道を回っている負の電荷を帯びた電子が、軌道の外へ飛び出して「自由電子」になります。このような状態をイオン化（電離）とよんでいます。

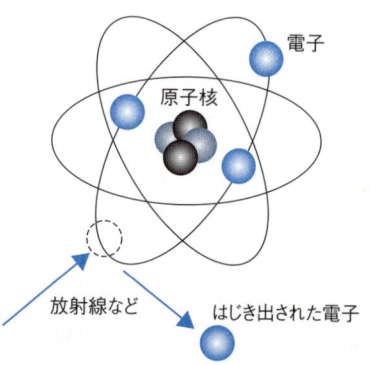

図 1-4-1 ベリリウム（Be）がイオン化された状態を表すモデル

表 1-4-1 水素・炭素・酸素の原子の特性

	水素	炭素	酸素
記　号	H	C	O
質量数（陽子＋中性子）	1	12	16
原子の直径（×10⁻¹²m）	64	183	146
陽子の数	1	6	8
中性子の数	0	6	8
電子の個数	1	2+4	2+6
原子模型	(H)	(C)	(O)
陽子の直径（m）	1.7550×10⁻¹⁵		
陽子の重さ(kg)	1.672・・・×10⁻²⁷		
中性子の重さ(kg)	1.674・・・×10⁻²⁷		
電子の重さ単位（kg）	9.109・・・×10⁻³¹		

●電気信号の伝搬速度と電子の移動速度

電圧を印加された銅線の中の電子の移動速度は0.1～1mm／秒と大変遅いのですが電気信号は、光速に近い速度で伝搬します。これは電線・導体の表面付近に多数存在している自由電子が、次々と波のように、光速に近い速度で変化を伝えていくからです。

実際のメカニズムとは異なりますが電気信号が片端に加わると自由電子が玉突き状態となって押し出され、光速に近い速さで伝えられていくと考えると分かりやすいかもしれません。電気信号の伝搬メカニズムについて正しく知りたい方は、伝送回路に関する専門書を見てください。

図1-4-2　電子移動の玉突き押し出しモデル

【熱伝導にも活躍する自由電子】

電圧が印加されていない金属中には多くの自由電子が存在して1,000m／秒という高速で飛び交っています。ところが運動方向がバラバラなため平均すると動いているように見えません。動き回っている自由電子は、熱も運びますので金属の熱伝導はよいのです。

●電子顕微鏡とCT診断装置

電子を高速に加速して物体に照射し、物体を透過してくる電子を感光フィルムやCCDカメラで画像にして観察できるようにしたのが透過型電子顕微鏡やCT診断装置です。

図1-4-3　新型電界放出形走査電子顕微鏡「JSM-7100F」

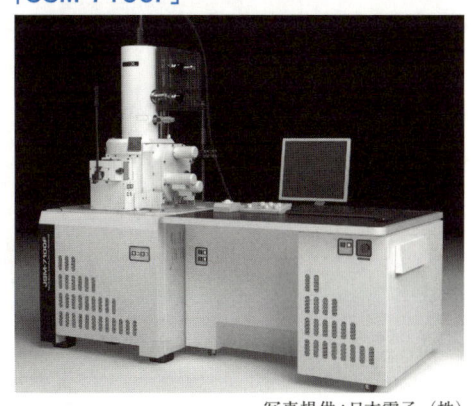

写真提供：日本電子（株）

電流

●電流と自由電子の移動

　電圧を印加されたある場所を通過して流れる電荷を「電流」とよびます。電流の国際単位はアンペア（A）です。1秒間に1クーロンの電荷が通過する流れが電流1Aの定義になります。

　金属の内部で金属の陽イオンが周囲の温度で振動しており、その周囲を陰イオンの自由電子が自由に動き回っています（図1-5-1）。ところが金属の両端に電圧が印加されると自由電子は、プラス（＋）の極に向けて移動を開始し電流となります（図1-5-2）。自由電子は、電源から供給されるので電流は流れ続けます。

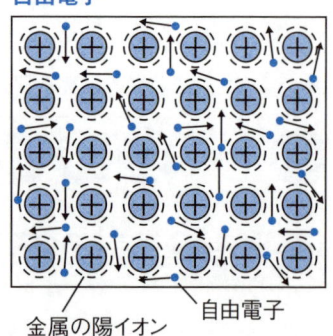

図 1-5-1　金属中の陽イオンと自由電子

図 1-5-2　電圧が印加されると自由電子が移動を開始

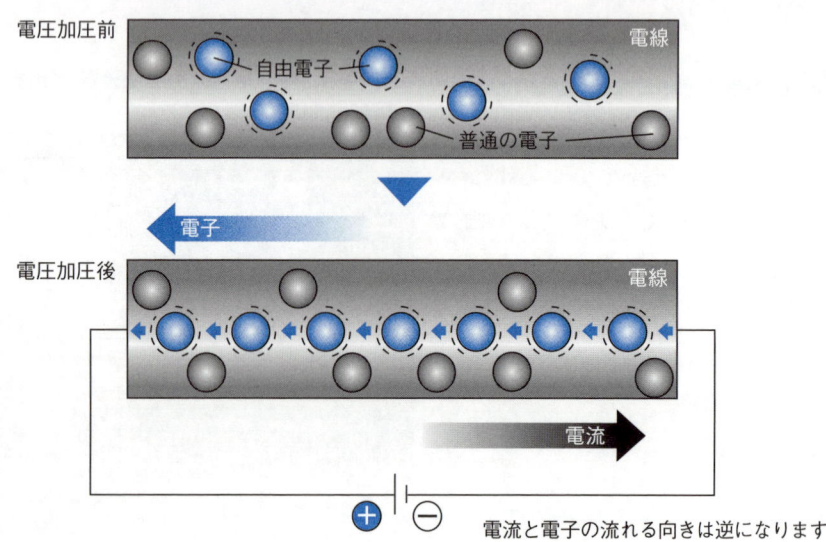

●電流の種類

電荷の運び手により、電流を区分けして名前を付けています。
- 回路電流：電気回路や電子回路の配線に使われている電線やプリント基板の導体、抵抗やコイルなどの電子部品、トランジスタや集積回路などの半導体では自由電子が電荷を運びます。回路電流は、一般には回路を略して、単に「電流」とよばれています。
- イオン電流：電池や電解コンデンサなどでは＋イオンと－イオンが電解質から電荷を運びます。
- 放電電流：蛍光灯やネオン管、自然界のオーロラや雷では電離した気体であるプラズマが電荷を運びます。

イオン電流や放電電流が電気回路や電子回路に流れ込むと回路電流になります。

表 1-5-1　電荷の運び手と電流の種類

電流の種類	電荷の運び手	電荷の通り道	通り道の例
回路電流	自由電子	導体、半導体	電線、抵抗器、トランジスタ
イオン電流	イオン	電解質	電池、電解コンデンサ
放電電流	プラズマ	電離した気体	蛍光灯、ネオン管、オーロラ、雷

●電流センサ

電気回路に流れる電流の値は、電気回路に小さい抵抗を「電流センサ」として直列に挿入して抵抗の両端の電圧を測定することができます。また、このように回路に抵抗を挿入することなく、図1-5-3に示すように回路に電線を通すだけで電流値を測定できるクランプ型の電流センサもあります。

図 1-5-3　センサ回路図

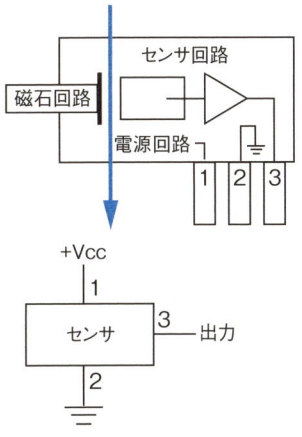

1-6 導体と絶縁体

●導体・半導体・絶縁体

電圧を印加したときに電流を流しやすい抵抗率の低い物質が「導体」です。抵抗率が中間の物質が「半導体」、ほとんど電流を流さない抵抗率の高い物質が「絶縁体」です。

物質の単位長さ当たりの電流の流れにくさを示すのが「抵抗率」で、単位はオーム・センチメートル（Ω・cm）です。抵抗率の低い導体から半導体、絶縁体と高い順に左から右へ並べたのが図1-6-1です。不純物をドーピングされた不純物半導体は、真性半導体より抵抗率が低くなります。

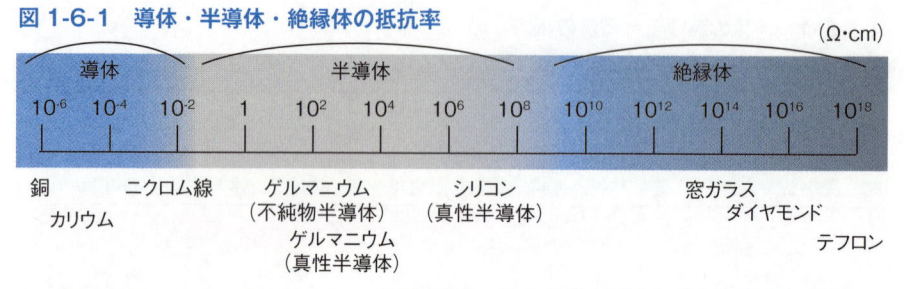

図1-6-1 導体・半導体・絶縁体の抵抗率

（Ω・cm）

導体：銅、カリウム、ニクロム線
半導体：ゲルマニウム（不純物半導体）、ゲルマニウム（真性半導体）、シリコン（真性半導体）
絶縁体：窓ガラス、ダイヤモンド、テフロン

目盛：10^{-6}, 10^{-4}, 10^{-2}, 1, 10^2, 10^4, 10^6, 10^8, 10^{10}, 10^{12}, 10^{14}, 10^{16}, 10^{18}

【金属の抵抗率と温度変化】

物質中の原子は周囲の温度で振動して自由電子の移動を妨害しています。そこで温度が上昇すると抵抗率が高くなっていきます。逆に温度が低くなって妨害がなくなると超電導になります。

表1-6-1 主な金属の温度による抵抗率の変化

材料	－195℃	0℃	100℃	300℃	700℃
アルミニウム		2.5	3.55	5.9	24.7
イリジウム	0.9	4.7	6.8	10.8	22
金	0.5	2.05	2.88	4.63	8.6
銀	0.2	1.47	2.08	3.34	6.1
スズ	2.1	11.5	15.8	50	60
タングステン	0.6	4.9	7.3	12.4	24
タンタル	2.5	12.3	16.7	25.5	43
純鉄	0.7	8.9	14.7	31.5	85.5
鉛	4.7	19.2	27	50	108
ニッケル		6.2	10.3	22.5	40
白金	1.96	9.81	13.6	21	34.3
パラジウム	1.73	10	13.8	212	33

単位は×10^{-6}Ω・cm

●抵抗率の活用

電気の世界を支えている導体、半導体、絶縁体の活躍ぶりをみてみましょう。

【導体】

電気を長距離送電するのにアルミニウムの電線が、近距離の送電には銅線が使われています。そのほかにも電話線、テレビのフィーダー線など身の周りには様々な線材が配線に使われています。プリント基板の導体には銅箔が使われています。電気機器や電子機器のケースには放熱性とシールド性を備えたアルミニウム板や鉄板が使われています。また、熱伝導率のよい金属は、放熱板やフィンにも使われています。

図1-6-2　送電線

【半導体】

シリコン、ガリウム、リンなどの半導体はいったん純度の高い真性半導体に精製されます。その後、不純物を注入され（ドーピング）、不純物半導体となってダイオード、トランジスタ、集積回路等の半導体素子に加工され電子回路に使われています。半導体素子は、現在の産業にとって不可欠な部品なので「産業の米」とよばれています。

図1-6-3　トランジスタ素子

【絶縁体】

電線の漏電、感電を防ぎ、外部環境による劣化から守るための被覆材としてゴムや合成樹脂が使われています。プリント基板では、フェノールやガラス繊維などが基板材料として使われています。このように絶縁体の活躍がないと導体や半導体も活躍できないのです。

図1-6-4
絶縁体で被覆されたシールド線

1-7 電位、電位差と電圧

●電位差を階段の上り下りで考える

電圧がV1、V2、V3の3個の電池と負荷R1、R2、R3の3個の抵抗が直列に接続されている電気回路で電位と電位差を階段の上下と比較しながら考えてみましょう。

図 1-7-1　電位、電位差と電圧の関係

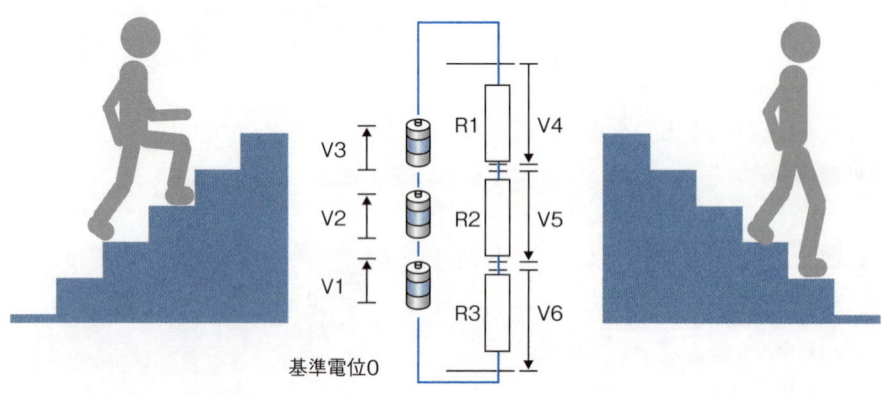

階段を上るときと同じように直列接続された電池の電圧は、加算されていきますので基準電位0に対して電位差はV1、V1＋V2、V1＋V2＋V3と上がっていき、最高電位に達します。

一方、階段を下るときと同じように負荷における電位差は、最高電位差V1＋V2＋V3からV4、V4＋V5、V4＋V5＋V6と電位が下がっていき基準電位0に到達します。

このように電位の考え方は階段の上り下りとの類推で考えることができます。階段を上るときにはステップを一段一段上って、位置エネルギーを貯めていきます。一方、階段を下るときにはステップを一段一段降って、位置エネルギーを消費していきます。登山口からの登山と下山の類推として考えてもよいでしょう。

一般には、電位にも電位差にも電圧が使われることが多く、電位と電位差が使

われることはあまりありません。英語でもvoltage（電圧）が主に使われており、potential（電位）はほとんど使われていません。しかし、電位や電位差は、基準電位を決めて定義したり、考えるときに使うと便利です。

● 電圧、電位の測定

測定した電圧値が数字で表示されるデジタルマルチメーター、針の振れ具合で電圧値が表示されるアナログテスター、電圧の変化する様子が波形で表示されるオシロスコープなどがあります。

図1-7-2　いろいろな電圧電位測定器具

  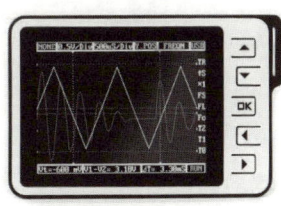

デジタルマルチメーター　　アナログテスター　　　　オシロスコープ
写真提供：マルツパーツ館　　　　　　　　　　出典：スイッチサイエンス ウェブショップ

● 電圧や周波数制御と応用

電圧や電流の大きさ、波形、周波数等を、インバータを使って制御することによって電動機の回転速度や発生トルクを制御することができます。図1-7-3は床下に電圧可変・周波数可変コンバータ（VVVF）が取り付けられている電車で、滑らかですみやかな発着が可能になっています。

図1-7-3　電車の床下に取り付けられたVVVF

1-8 電界と磁界

われわれの周囲にはいろいろな電界や磁界が存在しています。たとえば高圧送電線の周辺は、50Hzか60Hzの電気が送られていますので低周波の電磁場が高くなります。電車が動き出したり、反対車線を電車が通過すると車内の磁界は急に変化します。

図 1-8-1　高圧送電線

高圧送電線の下は低周波の電磁場が高い

● 電荷と磁極

電場を発生させる＋、－の電荷と、磁場を発生させるN、Sの磁極のお互いの作用をまとめると表1-8-1のようになります。電荷では＋の電荷と－の電荷は別々に存在します。一方、磁極ではN極があると必ず反対側にS極があり、片方の磁極が単独で存在することがありません。

表 1-8-1　電荷と磁極の性質

	電気（電荷）	磁気（磁極）
極	陽極（＋）と陰極（－）	N極とS極
引力	陽極（＋）→←陰極（－）	N→←S
	陰極（－）→←陽極（＋）	S→←N
斥力	陽極（＋）←→陽極（＋）	N←→N
	陰極（－）←→陰極（－）	S←→S
力線	電気力線	磁力線
界	電界	磁界

● 電気力線と磁力線

電気力線は電荷の周囲に形成されます。電気力線と等電位線の例を図1-8-2に示します。

図 1-8-2　電気力線・等電位線の例

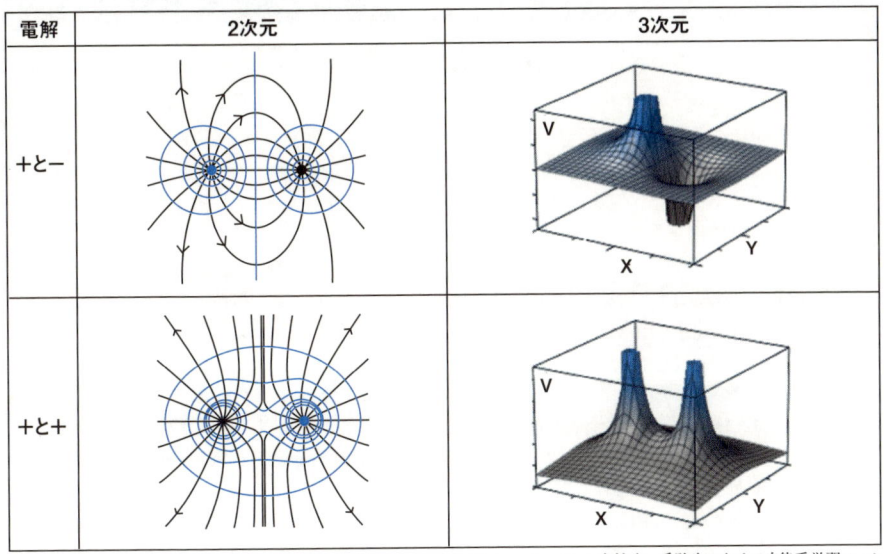

※黒線＝電気力線／青線＝等電位線　　All rights reserved:Tetsuo Suzuki ／ 高校生・受験生のための自律系学習ツール RAVCO[www.ravco.jp]　(http://www.ravco.jp/cat/view.php?cat_id=5458)

　磁力線は、1本の磁石のN極とS極の間に形成されます。2本の磁石のN極とS極が対向すると両者の間にも磁力線が形成されます。磁力線の例を図1-8-3に示します。

図 1-8-3　磁力線の例

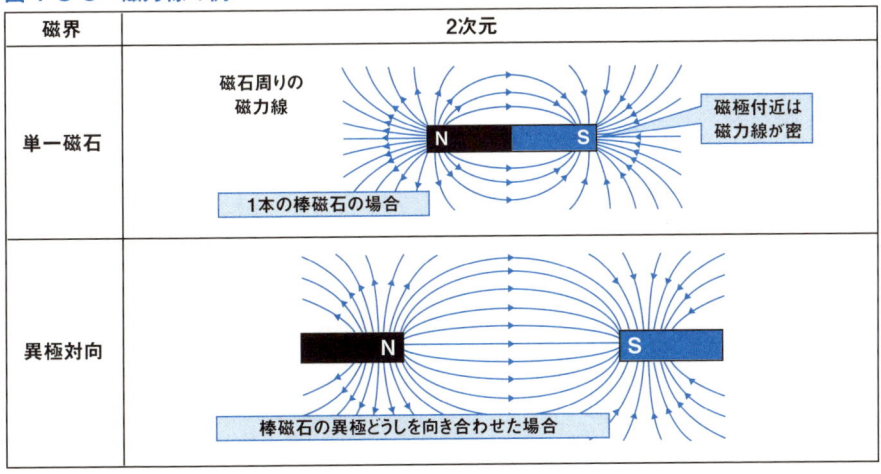

※青線＝磁力線

Column
電気発見の歴史

　人間と電気の歴史を駆け足で振り返ってみましょう。2,600年ほど前のギリシャ人は琥珀を摩擦すると塵や糸を引き付ける現象を見つけていました。17世紀になるとイギリスのギルバートやドイツのゲーリッケが静電気の実験を始めます。また、イギリスのブラウンにより琥珀を意味するギリシャ語のelectra（エレクトロン）からとって、電気はElectricityと名づけられました。18世紀に入ると、ライデン瓶がオランダのミュッセンブルクにより発明され、アメリカのフランクリンらによって雷の電気をライデン瓶に蓄えることに成功します。また静電気の電荷間に働く力がフランスのクーロンにより法則化されました。

　19世紀になると実験を通して電気と磁気はエルステッド、アンペール、ファラデー、ヘンリーらの実験、研究によって発展を遂げ、マクスウェルにより「電磁気学」にまとめあげられますが、まだ電気の正体はわかったとはいえませんでした。20世紀に入り電気の正体が正電荷を持つ原子核と負電荷を持つ電子であるとわかってきました。1911年には、ラザフォードがα線の散乱実験を行い原子核を発見、ラザフォードの原子模型を発表しました。1913年になるとボーアが下記の仮説に基づくボーアの原子模型を論文中に提示しました。

・電子は特定のエネルギー準位を持った軌道を運動する。
・エネルギー準位を持った軌道は量子条件を満たしている。
・電子は定常の軌道から別の定常軌道へと遷移するときに光を放射する。

　こうして、電気の正体が軌道を飛びだして移動する「自由電子」によるものであることがわかりました。自由電子は真空管を使って制御できるようになり、1943年にベル研究所のショックレーを中心とするグループによって真空管に代わるトランジスタが発明されました。トランジスタを集積化したIC、LSIが発明され、やがて今日のマイクロコンピュータへと発展をとげてきました。

図1-A　ライデン瓶

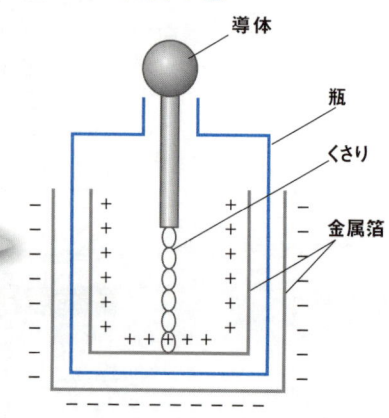

瓶の上にある導体に＋の電荷を与えると電荷は鎖を伝わって瓶の内面に張られた金属箔表面に移動する。瓶の外に張られた金属箔表面には－の電荷が誘起され、電荷を蓄積するコンデンサを形成する。

第2章

電気の法則

2章では、電気について学ぶうえで必ず出てくる基本的な法則の解説を中心に、
電流、電圧、抵抗や直流、交流などの用語や、
コンデンサ、コイル抵抗などの素子についての基本を概観します。

2-1 オームの法則

　電源Eの電圧がV、負荷の抵抗がRよりなる電気回路において抵抗Rに流れる電流Iと電圧Vと抵抗Rの3者の間に成り立つ関係式が「オームの法則」です。
　オームの法則で使われる記号と単位をまとめると表2-1-1になります。

　電流は、式ではI、単位はアンペア（A）になります。
　電圧は、式ではE、単位はボルト（V）になります。
　抵抗は、式ではR、単位はオーム（Ω）になります。

表2-1-1　オームの法則の記号と単位

	記号	単位	読み
電　流	I	A	アンペア
電　圧	E	V	ボルト
抵　抗	R	Ω	オーム
電　力	W	W	ワット
電力量	W・h	W・h	ワット時

※電力量は、積算された電力をさし、単位はワット・アワー（W・h）になります。

● 3つの基本関係式

　電圧V、抵抗R、電流Iのうちの2つがわかると残りの1つは、次の3つのパターンから求めることができます。
　（1）電圧Eと抵抗Rの値がわかれば電流Iは、次の式から求めることができます。
　　　$I = E \div R$
　（2）電圧Eと電流Iの値がわかれば抵抗Rは、次の式から求めることができます。
　　　$R = E \div I$
　（3）電流Iと抵抗Rの値がわかれば電圧Eを次の式から求めることができます。
　　　$E = I \times R$
　この3式をまとめたのが図2-1-1です。

図 2-1-1　オームの法則の式の用途と意味

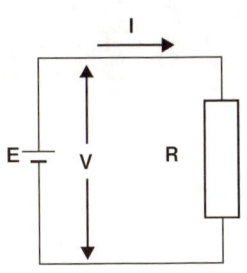

	式	用途と意味
①	$I = \dfrac{E}{R}$	電圧と抵抗がわかれば電流がわかる。電源電圧Eが一定のとき、抵抗Rが増えるにつれて電流は減少する。
②	$R = \dfrac{E}{I}$	電圧と電流がわかれば抵抗がわかる。電源電圧Eが一定のとき、電流Iが増えるにつれて抵抗Rは小さくなる。
③	$E = I \times R$	電流と抵抗がわかれば電圧がわかる。抵抗Rが一定のとき、電圧Eは、電流に比例する。電流Iが一定のとき、電圧Eは、抵抗Rに比例する。

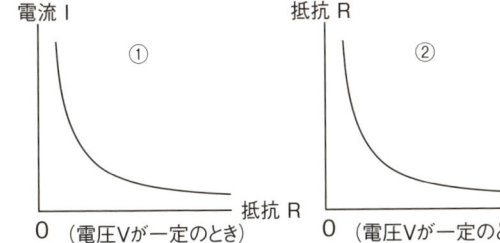

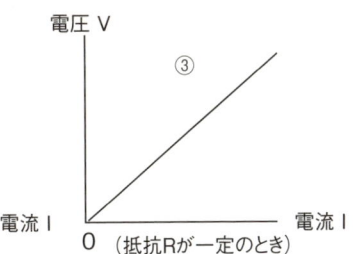

Column
幸運と非運の人・オーム

Georg Simon Ohm, 1789〜1854

　オームは錠前屋の息子として1789年に誕生しました。父親に叩き込まれた家業の錠前作りの腕前が後にオームの法則を確認する実験器具を自前で作成するのに役立ちました。
　フーリエが提唱した熱の流れの法則、2点間の温度と熱流の関係が電気の関係にも成り立つのではないかと感じたオームは、電線の太さや長さを変えて実験しました。しかし、電源にボルタ電池を使用していたため電圧が一定にならず、電流と電圧の比例関係を見出せませんでした。恩師のアドバイスで熱電対を使った電池を使うことにより、電圧が一定とするときに電気抵抗と電流は反比例の関係にあるというオームの法則を見出し、論文にまとめて1827年にベルリンで出版しました。ところが母国ドイツの学界では評価されず、大学の教職に就くことさえできませんでした。一方、イギリスのロンドン王立学会では1835年に認められて王立学会員に列せられました。ようやく晩年の1852年になり、母国のミュンヘン大学の教授に就くことができました。

2-2 ジュールの法則

　ニクロム線などの抵抗に電流が流れると、自由電子が周囲の温度で振動している抵抗中の金属原子につぎつぎと衝突して発熱し、電力を消費します。

　1840年にジュールが発見した電力Pと電圧V、電流I、抵抗Rの間の関係式 $P=I^2 \times R$ が「ジュールの法則」です。図2-2-1に示す電気回路で消費される電力Pは、オームの法則を使って以下の式に変形して求めることができます。

$$P = I^2 \times R \quad (W)$$
$$= V \times I \quad (W)$$
$$= V^2 \div R \quad (W)$$

図2-2-1　電流、抵抗と電圧の関係

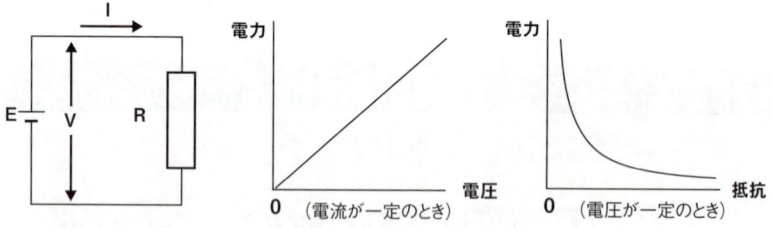

　使用時間hrに使われた積算された電力が電力使用量Pになります。使用電力が一定なら以下の式で求めることができます。

$$P = I^2 \times R \times hr \quad (W \cdot h)$$

表2-2-1　電力、電力量と仕事量の関係

	式	単位	読み
電力（P）	$I^2 \times R$	W	ワット
電力量（W・h）	$I^2 \times R \times hr$	W・h	ワット時
仕事量（W・s）	$I^2 \times R \times hr \times 3{,}600$	J	ジュール

1cal＝4.187 J、1J＝0.239cal

● SI単位ジュール（J）と他の単位の関係

SI単位では、1ジュール（J）が次のように定義されています。
（1）ニュートンの力が力の方向に物体を1メートル動かすときの仕事
$$1\text{J} = 1\text{N} \cdot 1\text{m} = 1\text{kg m}^2/\text{s}^2$$
（2）1ボルトの電位差の中で1クーロンの電荷を動かすのに必要な仕事
$$1\text{J} = 1\text{C} \cdot 1\text{V}$$
（3）1ワットの仕事を1秒間行なったときの仕事
$$1\text{J} = 1\text{W} \cdot 1\text{s}$$

ジュールと他の単位の相互の変換表を表2-2-2に示します。

表2-2-2　エネルギー単位の変換表

	J	kWh	eV	kgf m	cal
1 J	=1	≒0.278×10⁻⁶	≒6.241×10¹⁸	≒0.102	≒0.239
1 kWh	=3.6×10⁶	=1	≒22.5×10²⁴	≒0.367×10⁶	≒0.860×10⁶
1 eV	≒0.1602×10⁻¹⁸	≒44.5×10⁻²⁷	=1	≒16.3×10⁻²¹	≒38.3×10⁻²¹
1 kgf m	=9.80665	≒2.72×10⁻⁶	≒0.613×10¹⁸	=1	≒2.34
1 cal	=4.1868	≒1.163×10⁻⁶	≒0.261×10²⁰	≒0.427	=1

Column
一生醸造家で通したジュール

James Prescott Joule、1818～1889

　病弱であったジュールは家庭教師について勉学しました。成人後家業の醸造業を引き継ぎ、そのかたわら醸造所や自宅に実験室を設けて実験を続けました。ジュールは、水を入れた水槽の中の導線にボルタ電池から電池を流し、水の温度上昇を測定して電気エネルギーが熱エネルギーに変わる実験を行い、その結果から電流により発生する熱量は、流した電流の2乗と導線の電気抵抗に比例することを発見しました。この結果を論文にまとめて1840年に発表したのがジュールの法則となりました。
　1847年には羽根車を使った実験装置の実験結果から熱量と機械的な仕事量の等価性を発表しました。大学や学会とは無縁で通したジュールでしたがこの論文がW.トムソンに評価されてから学会でも徐々に成果が認められるようになり、英国科学振興協会の会長をつとめるまでになりました。

2-3 クーロンの法則

●電荷の極の違いが斥力と引力を生む

　左右に向かい合う電荷 q1 と q2 に作用する力は、左右の電荷の極が同じときには、反発しあう「斥力」になります。一方、左右の電荷の極が異なるときには引き合う「引力」になります。また、この左右の電荷の間に作用する力は、左右の各電荷量の積に比例し、左右の距離 r の2乗に反比例するという法則が「クーロンの法則」です。

　クーロンは、自分の発明したねじれ天秤を電気力や磁気力を測定できるように改良して実験した結果からこの法則を発見して1785年に発表しました。磁荷についても同様の関係が成立します。こちらもクーロンの法則とよばれています。

表 2-3-1　左右の電荷間に作用する力

左の電荷 q1	作用する力 左右電荷の距離r	右の電荷 q2
+q	←　反発（斥力）　→	+q
−q	←　反発（斥力）　→	−q
+q	→　引き合う（引力）　←	−q
−q	→　引き合う（引力）　←	+q

【クーロンの使用したねじれ天秤】

　錘と帯電球を両端に付けた麦わらストローが絹糸で吊り下げられています。この帯電球に帯電した球を近付けると吸引か反発をして麦わらストローはガラス円筒内で回転するので絹糸にねじれが発生します。このねじれ量から斥力と引力の大きさが測定できます。

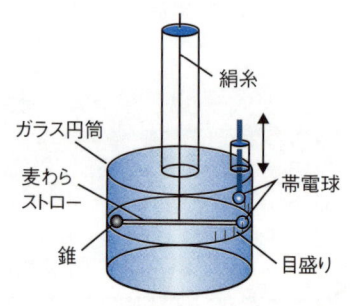

図 2-3-1　クーロンのねじれ天秤

●クーロンの法則の応用

　＋電荷と－電荷の吸引力は車の塗装で静電塗装として使われています。そのほか複写機の現像工程やサンドペーパーの製造工程でも使われています。

　粉体静電塗装装置では塗装ガンから噴射された粉体塗料は－電場で荷電され、＋に荷電されている被塗装物に吸引されていきます。付着後は乾燥炉で加熱溶融して塗膜を作ります。この方式は一回で厚膜塗装するときに適しています。

図 2-3-2　粉体静電塗装のしくみ

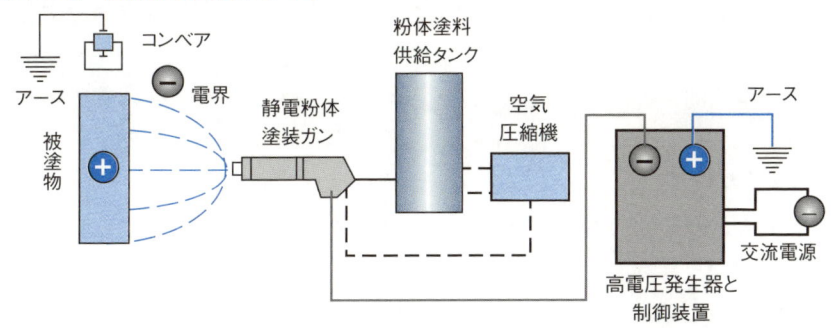

出典：社団法人日本塗料工業会刊「日本の塗料工業 '11」P13

Column
電磁気学の創始者・クーロン

図2-A　クーロンのねじれ天秤

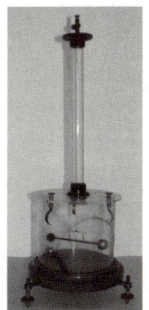

Charles de Coulomb、1736～1806

　電荷や磁荷に吸引力と反発力があることは17世紀のギルバートの実験等を通じて知られていましたが、その力に法則があることは知られていませんでした。

　少年時代に数学を勉強していたクーロンは、1759年に陸軍士官学校に入学し、卒業後は、地図作成のための測量や城塞建設に従事していました。そのかたわら1777年にねじれ天秤を発明し、1785年に電荷間に働く力を測定できるように改良を加えました。この改良されたねじれ天秤を使って電荷間に働く吸引力と反撥力が距離の2乗に反比例し、万有引力の法則と同じになることを発見し、式にまとめました。クーロンは、磁気コンパスや摩擦の研究でも成果をあげ、科学アカデミーより賞をもらっています。

写真提供：新潟大学旭町学術資料展示館　http://www.eng.niigata-u.ac.jp/~museum-eng/

2-4 ファラデーの電磁誘導法則

　コイルを対向させて配置し、第一コイルのスイッチをON、OFFして電流を流したり切ったりして発生する磁束を変化させます（図2-4-1）。すると第二コイルを通過する磁束も変化し、第二コイルに電圧eが誘起されます。この電圧を誘導起電力といいます。起電力eの大きさは、コイルを通過する磁束φが時間tに変化する割合（dφ/dt）に比例します。これを「ファラデーの電磁誘導法則」といいます。

●レンツの法則

　発生する誘導起電力の向きは、電流の変化を妨げる方向になります。
・スイッチをOFFして電流を切ったときは、流れ続ける方向になります。
・スイッチをONして電流を流したときは、流れを妨げる方向になります。
　この法則は、発見したレンツにちなんで「レンツの法則」とよばれています。
　また、永久磁石をコイルに入れたり引き出したりして磁束を変化させても同様に起電力が発生します。図2-4-2の左に示すように永久磁石を近づけてコイル中の磁束を増加させるときには磁束を減らす方向に電流が流れます。一方、右に示すように

図2-4-1　ファラデーの実験　　　図2-4-2　永久磁石とコイルの電磁誘導

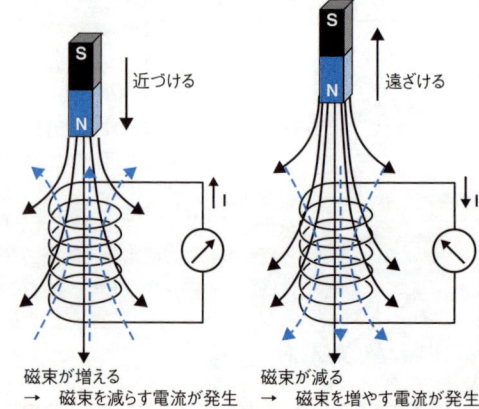

永久磁石を遠ざけてコイル中の磁束を減少させるときには磁束を増やす方向に電流が流れます。図中の青の矢印は、コイルに発生する電流による磁束を示しています。

●電磁誘導の応用

ファラデーの発見した電磁誘導の動作原理は、発電機、誘導電動機、変圧器など多くの電気機器に応用されています。電磁誘導で生じた渦電流による誘導加熱は、IHクッキングヒーターとして利用されています。また、携帯電話、テレビ、ラジオなどに使われている電波も空間で電流が変化すると磁束が発生し、磁束が変化すると電流が発生する動作が繰り返される電磁誘導なのです。

図2-4-3　ファラデーの法則が応用されているさまざまな電気製品

電磁誘導モータ

携帯電話

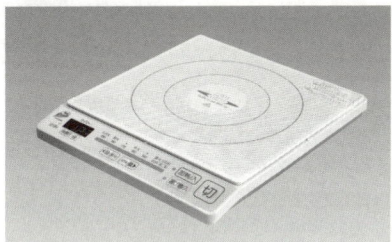
IHヒータ

Column
名著「ロウソクの科学」の著者・ファラデー

Michael Faraday、
1791〜1867

ファラデーは家庭の経済的事情から学校教育が受けられませんでした。製本屋の配達員から始めて徒弟となりました。学問好きのファラデーは、製本工場の片隅で勉強を続け、化学や電気に興味を持つようになり、化学の勉強ができる仕事がしたいと考えていた22歳のときに王立研究所の化学者デービーの助手が退職してできた空席に採用されました。

デービーのもとで研究成果をあげたファラデーは1824年には王立研究所のフェローに、1825年には実験主任に任命されました。王立研究所で1825年から一般向けに開始された金曜講演会では1827年から1860年まで19回も講演して科学をわかりやすく解説しました。なかでも1860年のクリスマス・レクチャーで講演し、1861年に出版された「ロウソクの科学」は有名です。

2-5 フレミングの法則

●右手は発電機、左手はモータ

　フレミングが大学の教授になったときに発電機についてのファラデーの法則を覚えやすくするために考案したのが「フレミング・右手の法則」です。
　・親指の指し示す方向が、磁力線の中を電線を移動させる力の方向になります。
　・人差し指が指し示す方向が、N極からS極へ向かう磁力線の方向になります。
　・中指が指し示す方向が、発生した電流が電線の中を流れる方向になります。
　この説明は磁石が静止している場合です。電線が静止していて、磁石が親指の

表 2-5-1　フレミング・右手の法則と左手の法則

	右手の法則	左手の法則
中　指	電流の方向	電流の方向
人差し指	磁界の方向	磁界の方向
親　指	導体の動く方向	導体にかかる力の方向
法　則	電磁誘導起電力	電磁力 F
	$V = -N \cdot d\phi / dt$	$F = B \cdot i \cdot l$
	起電力は磁束の変化に比例	電磁力は電流と磁力の積
応　用	発電機（ジェネレータ）	電動機（モータ）
	ダイナミックマイク	ダイナミックスピーカ
指の形		
器具の配置		

指し示す方向と逆方向に移動する場合にも電線には中指が指し示す方向に電流が流れます。

電動機での作用を覚えるための「フレミング・左手の法則」もその後に考案されました。
- 親指の指し示す方向が、電線が力を受けて磁力線の中を移動する方向になります。
- 人差し指が指し示す方向が、N極からS極へ向かう磁力線の方向になります。
- 中指が指し示す方向が、電線の中を電流を流す方向になります。

左右どちらの手の法則を使って考えるか迷った時には次のイメージを思い出してください。
- 右手は発電機：右手でハンドルを右回りにまわして手回し、発電機を動かしているイメージ。
- 左手は電動機：左手でスイッチを入り切りして電動機を回したり止めたりしているイメージ。

Column
19世紀と20世紀を生き抜いたフレミング

1885年にロンドン大学で初めての電気工学の教授となり、1926年までこの職を務めました。フレミング教授は、ファラデーの電磁誘導による「磁場によって発生する電流」を学生に教えるのに苦労していました。そこで学生たちに覚えやすいようにと考案したのが「フレミング・右手の法則」です。のちに「電流によって発生する磁場」について覚えるための「フレミング・左手の法則」も作られました。フレミングのおもな業績は表2-Aのようなものでした。

Sir John Ambrose Fleming、1849〜1945

表2-A　フレミングの業績

1885	フレミングの法則を考案
1899	マルコーニのイギリス海峡横断無線通信実験に協力
1900	マルコーニの大西洋横断無線通信実験のための送信所を設計し、協力
1904	2極真空管を発明し、モールス符号検波に使用

2-6 交流と直流

●交流の送電

　電力会社から配電されてくる電気の電圧や電流は、正弦波形をしています。波は1秒間に決められた回数繰り返すので「交流」（Alternating current）とよばれており、略してACと記されることがあります。この繰り返し回数を周波数とよんでいます。1秒間の回数をヘルツという単位でよんでおり、Hzと記します。操業当時に東日本では発電設備をドイツから50Hzの発電機を輸入して使用し、西日本では発電設備をアメリカから60Hzの発電機を輸入して使用したことにより、いまでも電力会社によって周波数に違いがあります。

　蛍光灯やHID照明に使われている安定器には、50Hz、60Hz指定のものがあり、指定外で使用すると寿命が短くなったり、明るさが不足したり、温度が上昇するなど不具合が発生するおそれがあるので注意が必要です。

　大型の震災などで発電所が破壊されたときに周波数の異なる電力会社間で電力を融通することができないので電力の周波数を統一することも検討されていますが、膨大な費用と手間がかかりますので当面は実現しそうにありません。

図 2-6-1　周波数の概念

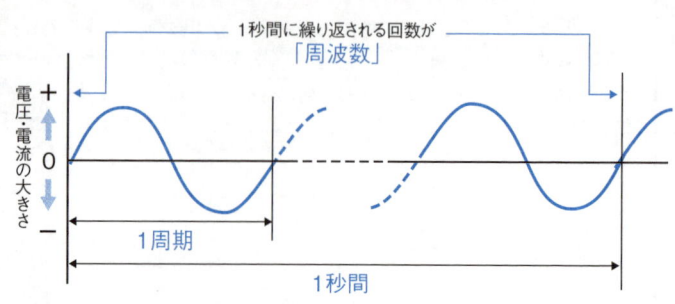

表 2-6-1　日本の電力周波数

周波数	電力会社
50Hz	北海道電力　東北電力　東京電力
60Hz	中部電力　北陸電力　関西電力　中国電力　四国電力　九州電力　沖縄電力

●直流の送電

都市部の私鉄やJRの電車には起動トルクの大きい直流電動機が使われているので高圧の「直流」(Direct Current)が供給されています。電鉄会社は、電力会社から高圧の交流を受電して、直流に変換する電鉄変電所から「き電線」へ給電しています。

図2-6-2に変電所からき電線、トロリー線を通してパンタグラフにき電し、電動機を回転させ、レールを帰線として利用する「直流き電方式」を示します。

普段持ちあるくノートパソコン、携帯電話、ポータブルAV機器などでは、直流電源として乾電池や充電池を内蔵しています。

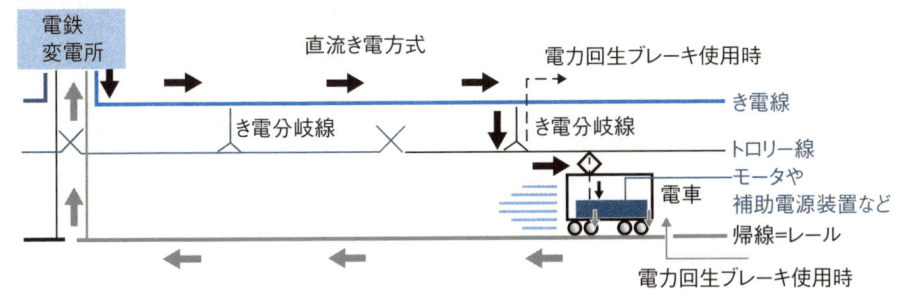

図2-6-2　直流き電方式の概要

出典：WEBサイト「たわたわのぺーじ」より

●交流と直流の利点と欠点

交流と直流を比べるとお互いに利点と欠点をもっています。これらの利点を生かし、欠点を電子技術の進歩でカバーして交流と直流を使いこなしていくことになります。

表2-6-2　交流と直流の比較

	交流 AC	直流 DC
変　圧	容易 (変圧器)	複雑（インバータ）
送　電	高圧長距離送電	短距離送電のみ
配　電	変圧して配電	単一電圧配電
電動機	大型が可能	トルクが大きい
変換損失	大きい	ない
耐　圧	DCより高い	ACより低い
位　相	進み、遅れあり	進み、遅れなし
電力設備	コスト低減が可能	コスト高になる

2-7 単相交流と三相交流

●単相交流と三相交流の送電線の本数比較

図 2-7-1　三相の帰線を一本に共通化して結線した回路

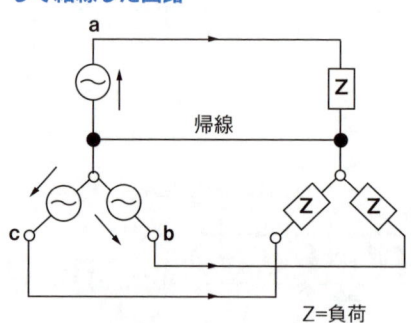

Z=負荷

直流や単相交流では2本の電線で送電します。一方、位相のずれた三組の単相よりなる三相交流では、各相2本、計6本の電線が必要になります。ところが図2-7-2に示す0°と120°と240°の位相のずれた3組の正弦波形よりなる三相交流では、3本ですますことができます。これはこの三相交流では図の観測点を動かしても合計した値は、常に0になるからです。そこで3つの相の帰線を

図 2-7-2　直流と単相交流の波形と観測点の電流

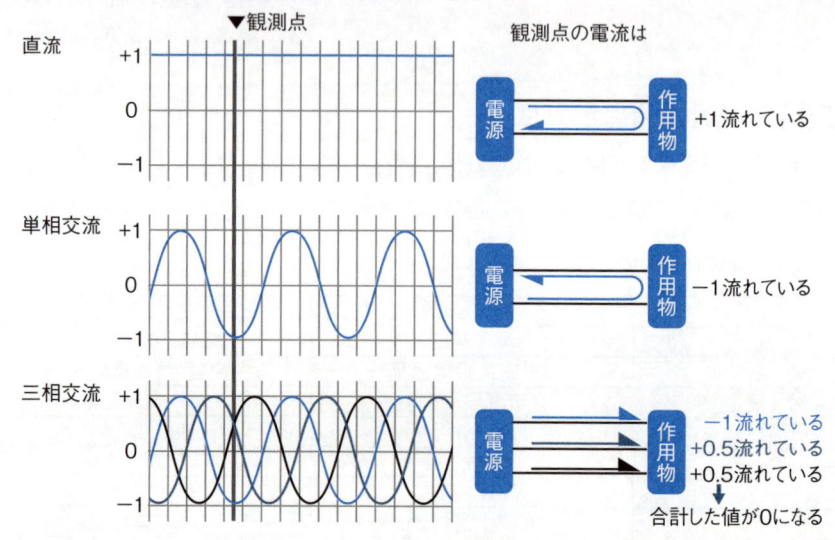

直流　観測点の電流は
　電源→作用物　+1流れている

単相交流
　電源→作用物　−1流れている

三相交流
　電源→作用物
　−1流れている
　+0.5流れている
　+0.5流れている
　合計した値が0になる

出典：WEBサイト「ねこてつ」−バリバリ文系の電車の電気−より

図2-7-1に示すように共用して1本にしたとしても帰線の電流は常に0になり、帰線には電流が流れないので取り去ることができて3本で送電することができるのです。

●三相交流の送電方式

三相発電機の3つのコイルの結線には、3つの中性側を共通に結線して中性点にするスター結線方式（Ｙ）と3つのコイルを直列に結線するデルタ結線方式（Δ）があります。送電系統では、中性点を設置できるのでスター結線方式が多く使われています。

図2-7-3　スター結線方式とデルタ結線方式

スター結線方式

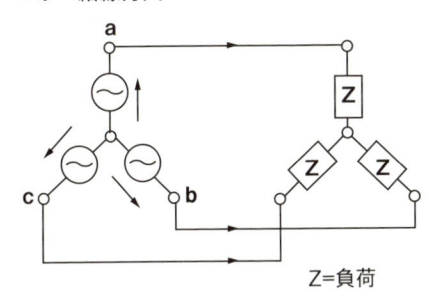

デルタ結線方式

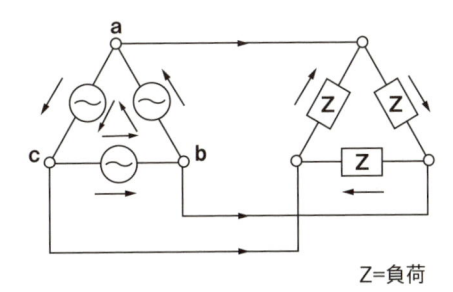

Z=負荷

【送電線と変圧器】

三相送電線6,600Vを200V三相に変圧する三相変圧器が取り付けられている電柱を図2-7-4に示します。変圧された200V動力用三相交流波は、需要家に給電されていきます。

図2-7-4　三相送電線の電柱

需要家の工場や作業現場などの厳しい環境で使われる三相交流機器は安全を確保するために耐塵性、耐油性等を持った堅牢なプラグとコンセントが使われます。ストレートと引掛けの2つのタイプがあります。また、接地をとる必要のある用途では接地極を持った4極タイプのプラグとコンセントが使われます。

2-8 コンデンサとコイル

●過渡応答

電気回路に流れる電流の振る舞いには負荷の種類によって違いがあります。抵抗は、オームの法則通りの電流が流れます。一方、コンデンサでは容量負荷となり、スイッチ（SW）を入れたときに充電のために大きな電流が

表 2-8-1　コンデンサ、コイル、抵抗

素子	回路記号	負荷	スイッチ（SW）を入れた後の変化
コンデンサ（C）	─┤├─	容量負荷	大きな電流が流れ、徐々に0に近づいていく
コイル（L）	─◠◠◠─	誘導負荷	徐々に電流は流れだし、V/Rに近づいていく
抵抗（R）	─▭─	抵抗負荷	オームの法則に従った電流が流れる

図 2-8-1　CR回路・LR回路の過渡応答波形

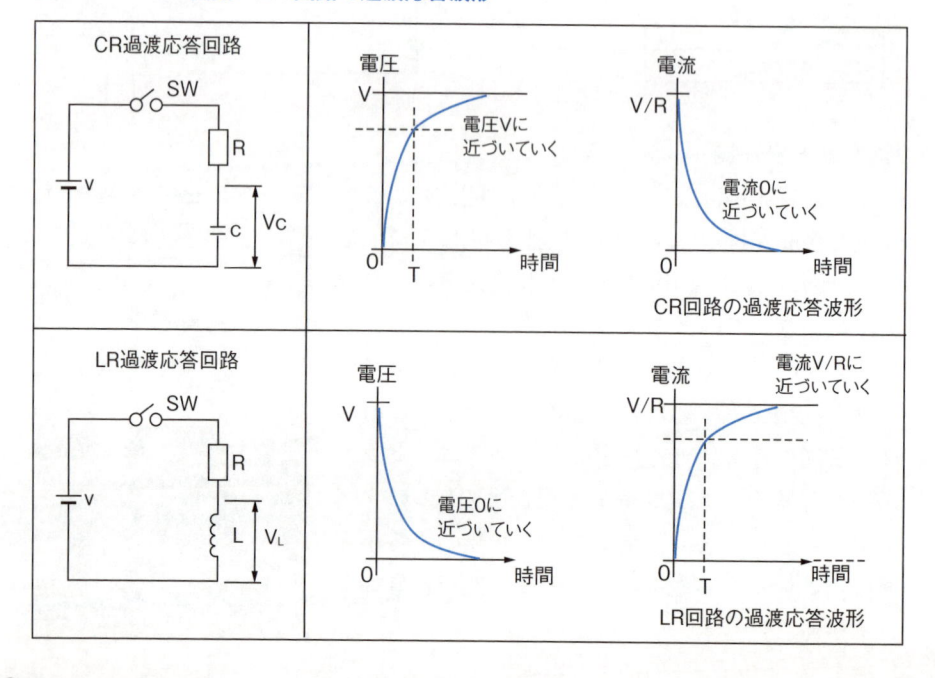

流れ、徐々に減少し0に近付きます。一方、コイルでは誘導負荷となり、スイッチを入れると電流は徐々に流れ出します。このような、スイッチを入れたときの時間変化を「過渡応答」とよんでいます。

●コンデンサの平滑回路への応用

　交流を直流に変換するにはダイオードで整流します。整流しただけでは交流の元の波形が残っていますのでコンデンサに充電して直流に近づけます。これが平滑回路です。

図 2-8-2　整流・平滑回路

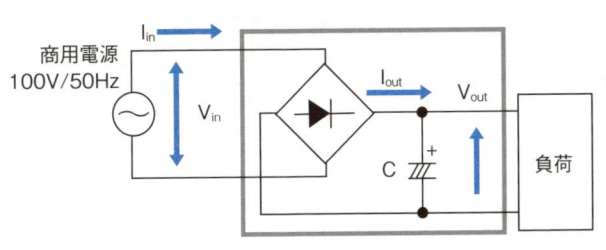

図 2-8-3　整流・平滑回路を含む基板の例

●コイルのインダクションキックの応用

　コイルでは、通電状態からスイッチを切断した瞬間に高い電圧が発生します。この現象をインダクションキックとよんでいます。この高電圧発生のしくみは自動車のイグニッションコイルと点火プラグから構成される点火装置に使われています。一般の車のエンジンの点火プラグでは１万V以上の電圧でスパークが発生し、着火、燃焼、爆発が行われています。

図 2-8-4　イグニッションコイル（左）と点火プラグ

Column
電気の国際単位

電気の国際単位系（SI）基本単位は、電流の量を表すアンペア（A）です。表2-Bに電気で使われるSI組立単位系を示します。電気工学の発展に貢献した偉人の名前が単位に使われています。表2-Cにはよく使われるSI接頭辞の記号と読みを示します。

表2-B 電気のSI組立単位系

組立単位	読み	表記	他のSI単位での表記	基本単位による組立
電圧	ボルト（Volt）	V	J/C	$m^2\,kg\,s^{-3}\,A^{-1}$
電荷	クーロン（Coulomb）	C	A s	s A
仕事率、電力	ワット（Watt）	W	J/s	$m^2\,kg\,s^{-3}$
磁束	ウェーバー（Weber）	Wb	V s	$m^2\,kg\,s^{-2}\,A^{-1}$
磁束密度	テスラ（Tesla）	T	Wb/m²	$kg\,s^{-2}\,A^{-1}$
電気抵抗	オーム（Ohm）	Ω	V/A	$m^2\,kg\,s^{-3}\,A^{-2}$
周波数	ヘルツ（Heltz）	Hz	—	s^{-1}
インダクタンス	ヘンリー（Henry）	H	Wb/A	$m^2\,kg\,s^{-2}\,A^{-2}$
キャパシタンス	ファラッド（Farad）	F	C/V	$m^{-2}\,kg^{-1}\,s^4\,A^2$
コンダクタンス	ジーメンス（Siemens）	S	A/V	$m^{-2}\,kg^{-1}\,s^3\,A^2$

表2-C SI単位の接頭辞

	接頭辞	記号	漢数字表記
10^{15}	ペタ（peta）	P	千兆
10^{12}	テラ（tera）	T	一兆
10^{9}	ギガ（giga）	G	十億
10^{6}	メガ（mega）	M	百万
10^{3}	キロ（kilo）	k	千
10^{2}	ヘクト（hecto）	h	百
10^{1}	デカ（deca, deka）	da	十
10^{0}	なし	なし	一
10^{-1}	デシ（deci）	d	十分の一
10^{-2}	センチ（centi）	c	百分の一
10^{-3}	ミリ（milli）	m	千分の一
10^{-6}	マイクロ（micro）	μ	百万分の一
10^{-9}	ナノ（nano）	n	十億分の一
10^{-12}	ピコ（pico）	p	一兆分の一
10^{-15}	フェムト（femto）	f	千兆分の一

第3章

電気回路・電子回路

電気装置、電子装置の中では電気回路や電子回路が活躍しています。
電気回路や電子回路には多くの電気部品や電子部品が使われています。
これらの部品の特性を理解することにより
能力を引き出すことができ、寿命も長くなります。

3-1 電気回路

●電気回路って何？

　電気回路では、車がサーキットを周回するのと同様に電流が回路を周回しています。電源と負荷からなる回路で、負荷にランプやヒータなど受動部品が使われている回路を「電気回路」、トランジスタやICなど能動部品が使われている回路を「電子回路」と区別してよぶことがあります。しかし、電気部品と電子部品が混在して使われている回路が多いのでこの使い分けはあいまいになってきています。電源と部品で構成される回路を記した図面を回路図とよんでいます。

　電気機器にはすべて電気回路があります。電気回路は、電気部品を組み合わせた系統図で、電気的な知識を持っている人が読めば電気回路からその機器の機能が理解できるものです。電気回路を読みとるときにもっとも大事なポイントは、電源がどこにあるかということです。電気は電圧の高いところから低いところに向かって流れます。ですから、電気回路は電圧の高い電源からグランドレベルに向かって流れる配線を示したもので、その配線に沿って電気部品が組み込まれて一定の役割を果たします。

●簡単な電気回路

　図3-1-1にもっとも簡単な電気回路を示します。この電気回路は、白熱電球を点灯する回路です。白熱電球はジュール熱を利用して加熱発光する電気部品です。この回路の見方は、まず電気エネルギーを供給する電源の電圧の高いところに注目し、そこから電圧の一番低い部位をチェックします。電気は電圧の高いところから低いところに流れるので、この回路の場合、まず電源がどこにあるかを見てそれからグランドレベルがどこに

図3-1-1　白熱電球の発光電気回路

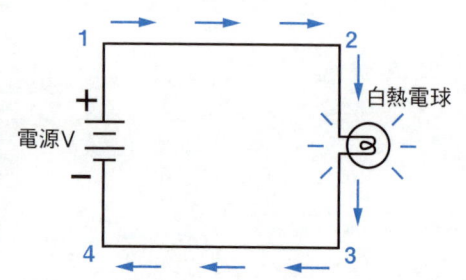

あるかを確認して電気の流れる道順をたどっていきます。

この回路から以下のことが読み取れます。

- 点4を基準にすると点4と点1の電圧は、電源電圧Vになります。
- 点4と点2の間の電圧は、点1と点2の間の電圧が0なので電源電圧と同じVです。
- 点2と点3の間では電源電圧とほぼ同じ電圧Vが下がります。
- 点4と点3の間の電圧は、点2の電圧からV下がるので0になります。

●直列回路と並列回路

図3-1-2に、直列回路と並列回路の代表的な回路を示します。直列回路は、電源の(＋)から(－)にわたって同じ道順に2つの素子(電球)が配列されています。この直列回路では、各々の電球に加わる電圧が抵抗に比例して加わるので電源電圧がそのまま加わることはありません。2つの電球が同じ出力の(同じ抵抗を持つ)ものであれば、各電球に加わる電圧は電源電圧の2分の1になります。直列回路では、流れる電流は同じなので、2つの電球には同じ電流が流れます。

並列回路では、2つの電球が電源の(＋)と(－)に個々に接続されています。この回路では、各電球に加わる電圧は電源電圧と同じになります。また、各電球に流れる電流は電球個々の抵抗に応じて決まり、直列回路のように一定の電流ではありません。まとめると、表3-1-1のようになります。

表 3-1-1　直列回路と並列回路の電圧

直列回路	電流は一定、電球に加わる電圧は分圧
並列回路	電圧は一定、電球に流れる電流は電球の抵抗に依存

図 3-1-2　直列回路と並列回路の電気の流れ

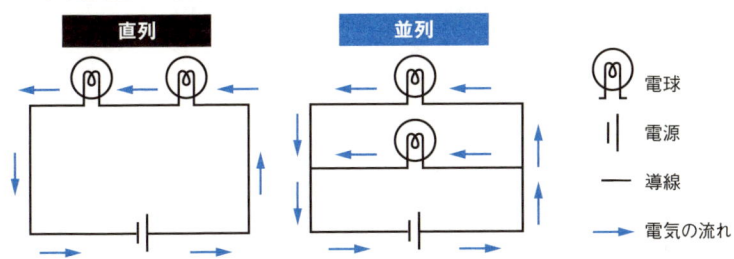

3-2 電気素子① LCR 受動部品

　コイル、コンデンサ、抵抗のように電圧や電流を増幅する機能を持たない部品を「受動部品」とよびます。

● L（コイル）部品

　アンテナやフィルターなどにコイルは使われています。またコイルは、電磁誘導を使ったトランス、スピーカ、モータ、リレーなどにも使われています。

【トランス】

　鉄芯（コア）にコイルを巻いた製品には、①電圧を変換する電源トランス、②インピーダンスを変換してマッチングさせる出力トランス、③チョークコイルなどがあります。

【ボイスコイル】

　スピーカの音は、永久磁石に同心円にはめ込まれているボイスコイルがピストン運動する振動をコーンへ伝えて外部へ出ていきます。ハードディスクのヘッドも同じ原理のボイスコイルモータでシーク動作をしています。

図 3-2-1　トランス製品例

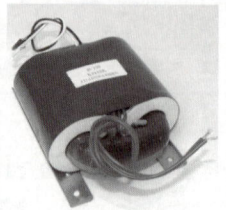

写真提供：マルツパーツ館

● C（コンデンサ）部品

　固定コンデンサには電解コンデンサ、セラミックコンデンサ、フィルムコンデンサなど多くの種類があります。容量可変コンデンサにはバリコンやトリマコンデンサがあります。

【容量可変コンデンサ】

可変コンデンサには「バリアブルコンデンサ」を短縮してバリコン、ポリバリコンなどとよばれる種類があり、ラジオの同調回路に使われてきました。しかしデジタル同調回路のICが当たり前になり活躍の場が少なくなっています。一方、回路の微調整に使うトリマコンデンサは現在でも使われています。

図 3-2-2　容量可変コンデンサの例

トリマコンデンサ

バリコン

写真提供：(株)村田製作所　　　　写真提供：原　恒夫

● R（抵抗）部品

固定抵抗には炭素抵抗、巻線抵抗、金属皮膜抵抗など多くの種類があります。可変抵抗器には回転型、スライド型、微調整用のトリマ型などの種類があります。

【可変抵抗（ボリューム）】

可変抵抗は、音量など量を調整する用途に使われるところからボリュームとよばれることもあります。図3-2-3左に示す回転型では2組の可変抵抗が同軸で連動して回転しています。スライド型は指先で操作できるので複数の音源のレベルを調整する操作卓などに使われています。

図 3-2-3　可変抵抗製品の例

回転型

スライド型

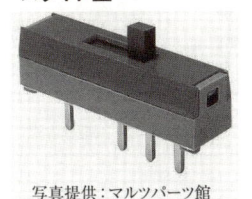

写真提供：マルツパーツ館

3-3 電気素子② 電磁部品

●電磁部品

　コイルに流れる電流で動作する電磁石を使う電磁部品に電磁開閉器、電磁リレー、電磁弁があります。

【電磁開閉器】
　電磁開閉器は、コイルに電流を流すと稼働接点が動き、大電流の開閉を行います。定められた電流以上の大電流が流れたときに開閉動作するサーマルスイッチと組み合わせてコイルに流れる電流を遮断して可動接点を開放する電流遮断器（ブレーカー）としても使われています。

【電磁弁】
　電磁弁には、メインバルブの弁体がプランジャに直結している直動型と流体が流れようとする圧力を利用してダイヤフラム弁を動かすためのパイロット流路にパイロット弁を有するパイロット型があります。小型の場合には直動型、大型の場合にはパイロット型が多く使われています。

【電磁リレー】
　電磁リレーは、電子装置の電源のON/OFFやスピーカのON/OFFなど多くの場所で使われています。一般にコイルに通電しないときCOM（コモン）

図 3-3-1　電磁開閉器　　図 3-3-2　電磁弁　　図 3-3-3　電磁リレー

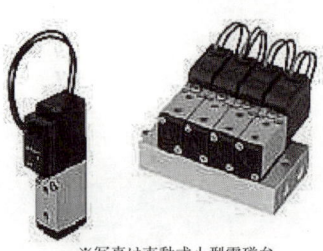

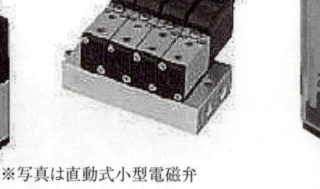

※写真は直動式小型電磁弁

写真提供：富士電機機器制御（株）　　写真提供：（株）コガネイ　　写真提供：パナソニック（株）デバイス社

接点との間が開いているNO（ノーマルオープン）接点と、閉じているNC（ノーマルクローズ）接点の組み合わせを何組か持っておりコイルに通電すると同時に接点動作をします。

●その他のスイッチ部品

　設定された値で開閉を行う制御スイッチには温度伸縮の差がある金属を貼りあわせたバイメタルで接点を形成した温度制御をするサーモスイッチや、遠心力で重りの付いた接点が開閉して一定の回転数に速度制御するガバナースイッチなどがあります。

　このような機械式制御スイッチは寿命があったり、細かい制御ができないなどの短所があるので最近では半導体スイッチと電子回路を組み合わせた方式が多くなってきています。

図3-3-4　サーモスイッチ製品の例

ケース内にはバイメタルの接点がある。

写真提供：株式会社生方製作所

図3-3-5　分電盤

漏電遮断器
（漏電ブレーカー）

中性線
（アースをとっている線）

アンペアブレーカー

配線用遮断器
（安全ブレーカー）

出典：東京電力ホームページ

分電盤には階単位、部屋単位など負荷を分割した配線用遮断器、漏電を検出すると安全のため遮断する漏電遮断器、合計の電流が契約容量を越えると遮断するアンペアブレーカーが収められている。いずれの遮断器（ブレーカー）も電磁力で動作する。

＊写真は東京電力サービス区域内のアンペアブレーカーを使う契約用の分電盤の一例。電力会社や契約形態によってはアンペアブレーカーがない場合もある。

3-4 電子素子① 半導体の基礎

●半導体とは

　半導体（semiconductor）といえばシリコン。シリコンアイランド、シリコンバレーなど多くの先端技術の背景にシリコンの名前が使われています。シリコンが使われる前の半導体は、ゲルマニウムが主流でした。そのほかにセレンなどの金属も半導体として使われていました。そうした流れの中で、なぜシリコンが主流になったのでしょうか。ゲルマニウムとシリコンの違いは何なのでしょうか？

　その半導体の代名詞であるシリコン（silicon、ケイ素（Si））は、地球上で2番目に多い元素です。ケイ素は、単体で存在することはほとんどなく、酸化物や化合物として地球上の至るところで見られます。半導体は、元素周期表で見ると、14族に入る仲間で、これらには炭素（C、元素番号6）、ケイ素（Si、元素番号14）、ゲルマニウム（Ge、元素番号32）、スズ（Sn、元素番号50）、鉛（Pb、元素番号82）があります。

　これらの元素を挟むようなかたちで元素周期表の両隣には、リン（P、原子番号15）、ガリウム（Ga、原子番号31）、セレン（Se、原子番号34）、インジウム（In、原子番号49）、アンチモン（Sb、原子番号51）があります。半導体素子でよく聞く元素が並んでいます。

図3-4-1　CCDイメージセンサの製品例

図3-4-2　CMOSカメラモジュール製品例

写真提供：e2v

写真提供：日本ケミコン（株）

図 3-4-3 元素周期律表

1族 1	2族 2	3族 3A	4族 4A	5族 5A	6族 6A	7族 7A	8族 8	9族	10族	11族 1B	12族 2B	13族 3B	14族 4B	15族 5B	16族 6B	17族 7B	18族 0
1 H 水素																	2 He ヘリウム
3 Li リチウム	4 Be ベリリウム											5 B ホウ素	6 C 炭素	7 N 窒素	8 O 酸素	9 F フッ素	10 Ne ネオン
11 Na ナトリウム	12 Mg マグネシウム											13 Al アルミニウム	14 Si ケイ素	15 P リン	16 S 硫黄	17 Cl 塩素	18 Ar アルゴン
19 K カリウム	20 Ca カルシウム	21 Sc スカンジウム	22 Ti チタン	23 V バナジウム	24 Cr クロム	25 Mn マンガン	26 Fe 鉄	27 Co コバルト	28 Ni ニッケル	29 Cu 銅	30 Zn 亜鉛	31 Ga ガリウム	32 Ge ゲルマニウム	33 As ヒ素	34 Se セレン	35 Br 臭素	36 Kr クリプトン
37 Rb ルビジウム	38 Sr ストロンチウム	39 Y イットリウム	40 Zr ジルコニウム	41 Nb ニオブ	42 Mo モリブデン	43 Tc テクネチウム	44 Ru ルテニウム	45 Rh ロジウム	46 Pd パラジウム	47 Ag 銀	48 Cd カドミウム	49 In インジウム	50 Sn スズ	51 Sb アンチモン	52 Te テルル	53 I ヨウ素	54 Xe キセノン
55 Cs セシウム	56 Ba バリウム	57〜71 ran ランタノイド	72 Hf ハフニウム	73 Ta タンタル	74 W タングステン	75 Re レニウム	76 Os オスミウム	77 Ir イリジウム	78 Pt 白金	79 Au 金	80 Hg 水銀	81 Tl タリウム	82 Pb 鉛	83 Bi ビスマス	84 Po ポロニウム	85 At アスタチン	86 Rn ラドン
87 Fr フランシウム	88 Ra ラジウム	89〜103 act アクチノイド	104 Unq ウンニルクアジウム	105 Unp ウンニルペンチウム	106 Unh ウンニルヘキシウム	107 Uns ウンニルセプチウム	108 Uno ウンニルオクチウム	109 Une ウンニルエンニウム									

■ 非金属
□ 金属

12(Ⅲ)族〜16(Ⅵ)族には、半導体材料として使われている元素が並ぶ。

17族: ハロゲン
18族: 不活性ガス

●半導体の特徴

シリコンの特徴を調べて見ましょう。
(1) 常温で金属と絶縁物の中間の抵抗率を示す。
(2) 極低温では絶縁物に近く無限大の抵抗を示すにもかかわらず、温度上昇とともに急激に抵抗率が下がる。
(3) 半導体に不純物が混入したり、光を当てると抵抗率が大きく変化する。

これらの特徴は、良導体の金属が温度上昇とともに抵抗が上がるのと反対のもので、半導体のひとつの特徴です。不純物の混入を理論的に分析し、シリコン結晶中にインジウム（In）もしくはアンチモン（Sb）を混入させることによって、特性のよくわかった半導体ができます。電気をよく通すかと思えばまったく通さなかったりと、なんとも気まぐれな電気特性を持った半導体も、ショックレーらの理論的な裏付けで精密に制御できるようになりました。それどころか、1秒間に100万回、いやそれ以上の10億回以上の応答で信号を作り出せるまでに半導体技術は進歩しました。

図 3-4-4　導体、半導体よび絶縁体の抵抗率

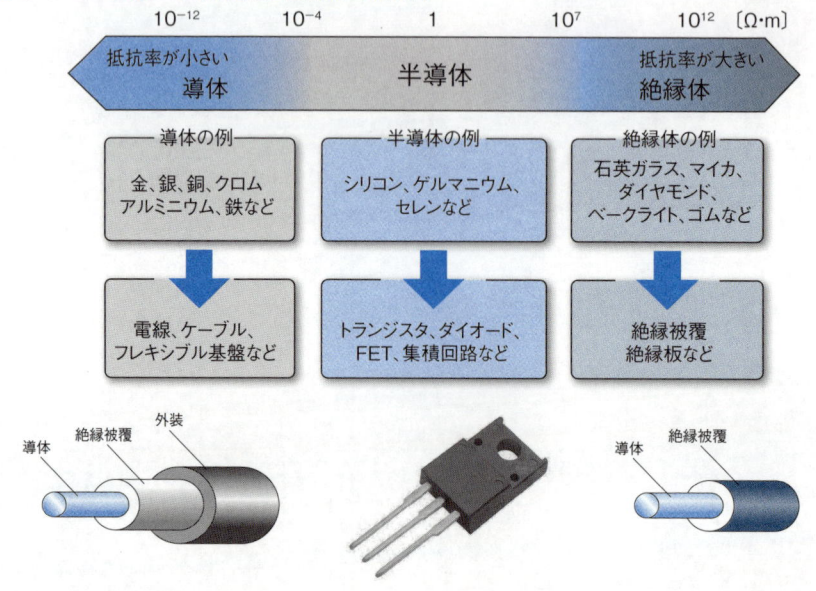

また最近急成長を遂げているデジタルカメラ、8mmビデオに使われている光センサには、CCD（Charge Coupled Device）とよばれるシリコン半導体素子が使われています。CCDは、シリコンの光に反応する特性をうまく利用したものです。

●導体、絶縁体、半導体の抵抗率

自由電子が物体の中を自由に動ける（電流が流れやすい）のが導体、自由電子が物体の中を動けない（電流が流れにくい）のが絶縁体、導体と絶縁体の中間にあるのが半導体です。

絶縁体には石英ガラス、マイカ、ダイヤモンド、ベークライトなどが、導体には金、銀、銅、鉄などの金属が、半導体にはシリコン、ゲルマニウム、セレンなどの物質が各々あります（図3-4-4）。

導体は、電気を送電する電線やケーブル、プリント基板のフレキシブル基板の銅箔等に使われ、絶縁体は、電線やケーブルの絶縁や保護のための被覆、短絡保護のための絶縁板等に、半導体は、トランジスタ、ダイオード、FET、集積回路等に使われています。

●半導体の作用とエネルギーバンド

半導体にはダイオードのP型からN型へ電流を流す整流作用があり、トランジスタではベースへ流す電流の値によって増幅作用を持ちます。FET（電界効果型トランジスタ）ではゲートへ加える電圧の値で電流や電圧の値を制御する信号の増幅作用とエネルギー変換作用があります。

図3-4-5 導体・半導体・絶縁体のエネルギーバンド図

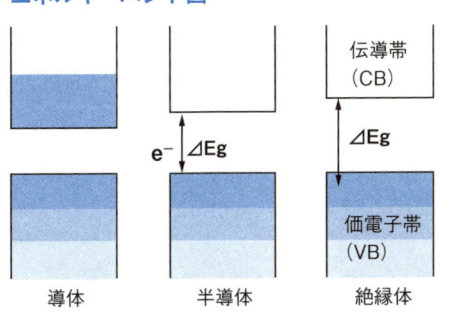

資料提供：サイエンス・グラフィックス(株)

価電子帯と伝導帯の間をバンドギャップエネルギー Eg で表現するエネルギーバンド図（図3-4-5参照）で導体、半導体、絶縁体を表現すると、導体では価電子帯と伝導帯の間がなく自由電子が自由に動ける状態を表し、絶縁体では価電子帯と伝導帯の間が離れたEgが大きい状態、半導体ではEgが中間の制御できる状態となります。

3-5 電子素子② 代表的な単体素子

　半導体素子の基本となる素子にダイオードとトランジスタがあります。ダイオードの名前のダイは2を、オードは極を表しています。トランジスタのトランは信号の伝達（トランスファ）を、ジスタは信号の電圧や電流で変化する抵抗器（レジスタ）を表します。

●ダイオード

　ダイオードはP型半導体とN型半導体の二極から構成されています。半導体材料により特性を引き出した各種のダイオードが製品化されています。その中から整流ダイオードと発光ダイオード（LED）を紹介します。

[整流ダイオード]

　電流を一方向に流す特性を使っているのが整流ダイオードです。4個のダイオードをモジュールにしたブリッジタイプのものもあります。

[発光ダイオード（LED）]

　電流を流したときに発光する特性を使っているものが発光ダイオードです。半導体材料によって発光波長が異なります。白熱電球に比べると同じ明るさで数分の一の電力になり、寿命は数万時間あるので照明分野や液晶テレビのバックライトなどとして使われています。

図 3-5-2
発光ダイオード製品の例

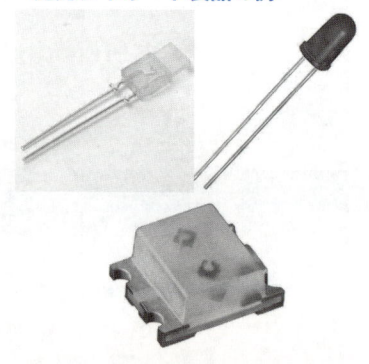

図 3-5-1　整流ダイオードと（右）
ブリッジ型整流ダイオード

●バイポーラトランジスタ（TRS）

ベースを流れる電流によりコレクタ、エミッタ間の電流を制御する素子がバイポーラトランジスタです。型式の頭に2SA、2SB、2SC、2SDが付くトランジスタです。

図3-5-3　バイポーラトランジスタの構造と外観例（右）

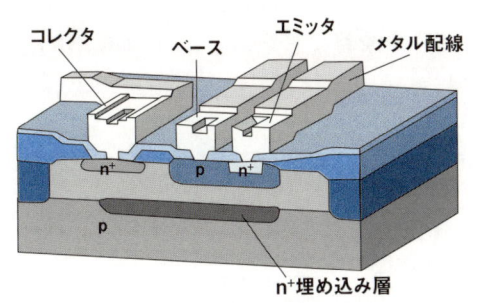

出典：WEBサイト「半導体製造工程の部屋」より

●電界効果型トランジスタ（FET）

ゲートにかかる電圧でドレン、ソース間の電流を制御する素子が電界効果型トランジスタ（FET）です。スイッチングや増幅用途に使われています。特に高周波の送受信回路に使われているFETが高電子移動度トランジスタ（HEMT）です。

●サイリスタ、IGBT、SiCなどパワエレ素子

大電流をON/OFFするインバータ回路に、以前はサイリスタが使われていましたが制御が容易なIGBTにとって代わられています。最近ではより低損失で高耐圧なSiCトランジスタ（DMOSFET）が注目されています。大電流を取り扱う素子では放熱を考慮した実装が大切です。

図3-5-4　電界効果型トランジスタ（FET）製品の例

実際の製品ではIGBTチップを放熱性のよいアルマイト処理されたアルミ基板にゲート制御用ICやLCRの受動部品と一緒に実装した「ハイブリットIC」にして放熱性、小型化とコストダウンを実現しているものもあります。

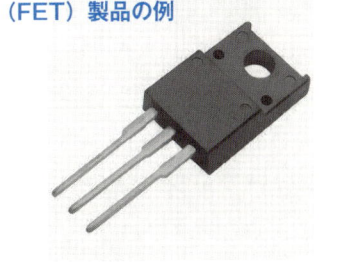

3-6 電子素子③ 代表的な集積化素子

●オペアンプ（OP Amp）

　同相ノイズを減少させ、温度変化の少ない差動増幅回路を入力回路とするのがオペアンプです。当初はセンサ信号の演算に使われたので演算増幅器（Operational Amplifier）とよばれました。この英語を短縮してオペアンプとよばれています。

図 3-6-1　オペアンプ製品のパッケージとピン配置の例

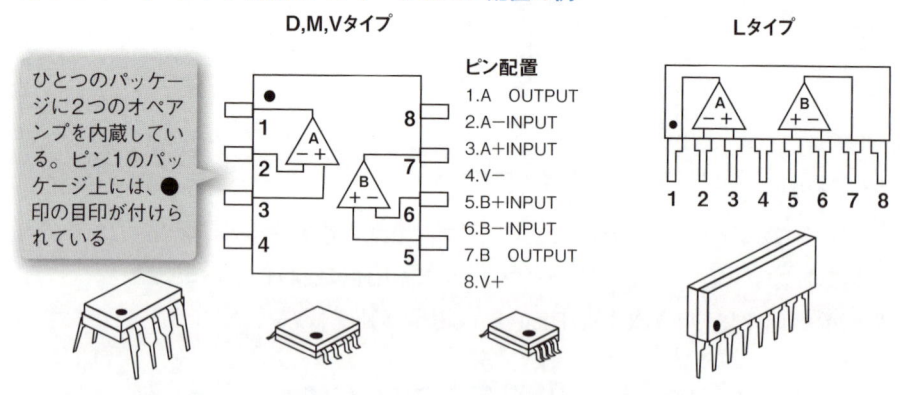

D,M,Vタイプ

ピン配置
1. A　OUTPUT
2. A－INPUT
3. A＋INPUT
4. V－
5. B＋INPUT
6. B－INPUT
7. B　OUTPUT
8. V＋

Lタイプ

ひとつのパッケージに2つのオペアンプを内蔵している。ピン1のパッケージ上には、●印の目印が付けられている

●小規模集積回路（IC）

　ICが製品化された当初はDIPとよぶ、足が14ピンとか16ピンの基板へ足を挿入して実装するタイプのパッケージが使われていました。また、当時のICはチップに集積されているトランジスタの数によってSSI、MSI、LSIに区分されていました。図3-6-2の基板ではDIPパッケージのSSIや挿入タイプの電子部品が実装されています。

図 3-6-2　DIP　ICや挿入部品が実装されている基板の例

● **大規模集積回路（LSI）
CPU、メモリなど**

パソコンのマザーボードを取り出してみるとCPU、チップセット、メモリ、その他多数の専用の役割を持つLSIが実装されています。現在ではほとんどの部品が表面実装されています。

図 3-6-3　グラフィックスLSIが実装された開発支援キット

写真提供：オムロン株式会社

Column
ムーアの法則

　集積回路の集積度は、インテルの共同創業者の一人、ゴードン・ムーア氏が1965年に発表した論文中にこれまで毎年2倍の割合で増加してきた増加率が今後も不確実な面もあるが保たれるとの見通しを示しました。1975年には2年ごとに2倍との見通しを語っています。この将来予測に対してカリフォルニア工科大学のカーバー・ミード教授は、「ムーアの法則」と名付けました。

　1975年以降、集積回路のトランジスタの数は、ほぼ2年ごとに2倍で推移してきました。ムーアの法則という目標があったので多岐にわたる集積回路技術に関係する研究者、技術者、経営者は一丸となって集積度目標を達成してきたといっても過言ではないでしょう。

　しかしレイアウトルールが10ナノメートルに近づくにつれてウェーハー上に2次元的に集積化する限界が近づいています。そこでインテルは3次元構造をしたトランジスタを採用することによりこのムーアの法則の限界を打破していこうとしています。

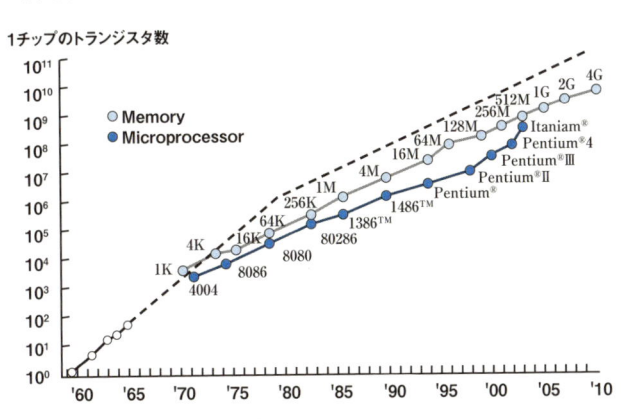

3．電気回路・電子回路

3-7 デジタル回路① 概念

我々は日常、10進数を使って計算をしたり、データ処理や商取引をしています。一方、デジタル回路では2進数を使って計算します。ここでは2進法に従い動作するデジタル回路の基本になるデジタルの概念と2進法による数の表現を10進数と対応させて解説します。

図3-7-1　2進法によるデジタル手法

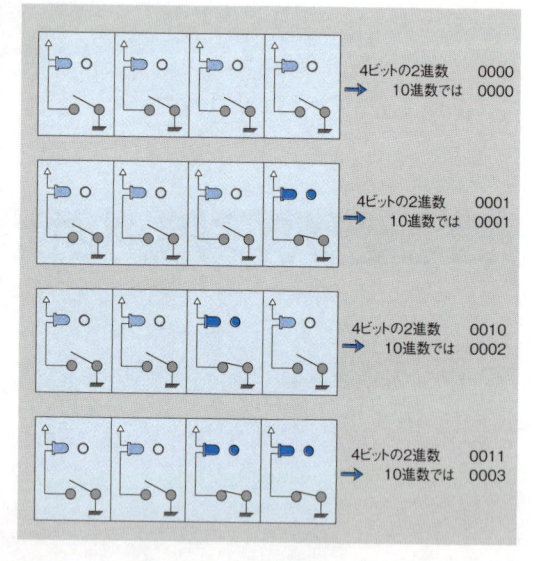

●デジタルの概念

デジタルという言葉が出てくる背景には、デジタルでない世界からデジタルの世界へと意識を切り換える意識革命の意味合いが込められています。デジタルの対語がアナログです。デジタルを一言でいうと「数値化」、もっと突き詰めていうと「0」と「1」の2種類しかない記号表現の世界を意味します。この「0」と「1」の数値表現を数学では2進法といっています。2進法が今や全世界を席巻し、すべての世界を支配しています。なぜならコンピュータに使われている算術手法が2進法にほかならず、コンピュータで扱う世界はすべてこの2進法に置き換えられるからです。「0」と「1」だけの世界がこれだけ信頼を得て世界を支配するようになったのは興味あるところです。

●2進数による数の表現と10進数

2進法というのは2つの数字しか持っていません。10進法は10個の数字を持っていて「9」の値に1つ値が加わると桁が上がり「10」という数字になり、

0〜9までの数字で順繰りに数を表し加減乗除を行います。これに比べて2進法は「0」と「1」の2つの数しかないため、「1」にもうひとつ加えると「2」とすることができず、桁が繰り上がって「10」となります。したがって「1001」という2進法の数値表記は10進法に直すと「9」となります（表3-7-1参照）。「1111」は15に相当します。2進法ではそれぞれの桁が「1」と「0」しかないので、コンピュータのロジックでは、電流を流す、流さない、電位を持っている、持っていないというスイッチの「ON」、「OFF」に相当させることができます（図3-7-1参照）。

　したがって、コンピュータはスイッチのかたまりでできているといっても過言ではなく、電気を通したり止めたり、あるいはそれを保持して演算を実行し、その結果の数値を2進法として記憶し表示しています。これを「ビットを立てる」といいます。「1001」というのは4つの桁のビットを立てるわけであり、これをある時間タイミング（クロック）で別の4桁の数値と加減乗除を行います。この4桁のビットの演算を4ビット処理といいました。最初のマイコンは4ビットから始まり、1970年代後半のマイコンキットでは8ビットCPUが開発され、NEC9801シリーズで有名になったパソコンは16ビット対応になり、現在は32ビットから64ビットの桁数を持つに至っています。

　64ビットは10進数に直すと、

18,446,744,073,709,551,616　（1,844京6,744兆737億955万1,616）

の20桁の数字に相当し、この数字をひとつのタイミングクロックで演算処理することになります。これを通常CPUのクロックである2GHzのクロックで行うとすると、20桁単位の計算を1秒間に20億回繰り返して行うことができることになります。

表3-7-1　10進法と2進法の表記

10進法	0	1	2	3	4	5	6	7	8	9
2進法	0000	0001	0010	0011	0100	0101	0110	0111	1000	1001

3-8 デジタル回路②
AND回路とOR回路

●デジタル回路の基本原理

　デジタル信号の本質は、信号を通すか通さないか（「ON」か「OFF」か）の2通りしかありません。模式的に書くと図3-8-1のようになります。AからBへ情報を伝えるのか伝えないのかの判断を行い、ある時間内に決められた数だけの信号を作って伝えるわけです。ですから、デジタル信号を作る電子素子をスイッチング素子ともよんでいます。スイッチング素子には、リレー素子やトランジスタ素子、MOS-FET素子、TTL素子、CMOS素子、ECL素子などがあり、それぞれ特徴を持っています（66ページ参照）。

　図3-8-1には、情報を伝達するかしないかという判断と、条件を判断して情報を流す模式図が示されています。コンピュータ内部の演算も基本的には図のような条件判断を演算処理として行っています。実際には、もっと高度な回路が組み込まれていますが、基本的な流れは「0」と「1」（情報を流すか止めるか）の二者択一の処理を行っているに過ぎません。

図 3-8-1　デジタル回路の原理

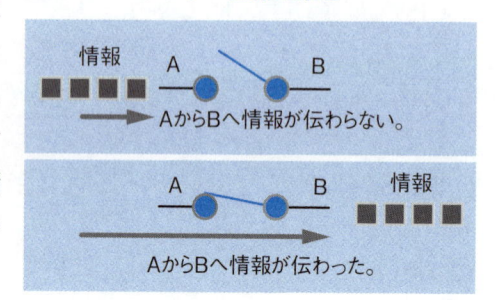

● AND回路とOR回路

　これらのスイッチング素子を多数組み合わせて情報の量を作ったり、流れを作ったりしています。たとえば、2つのスイッチング素子を組み合わせてどんな情報の流れができるか考えてみましょう（図3-8-2）。図上は2つのスイッチング素子を直列に並べた場合、図下は並列に並べた場合を考えます。直列に並べた場合は、BのスイッチとCのスイッチが同時に「ON」にならなければAの情報はDに流れないのです。このような論理をデジタル電気用語では「AND」論理とよんでいます。スイッチング素子が並列に接続され

図 3-8-2　AND 回路と OR 回路

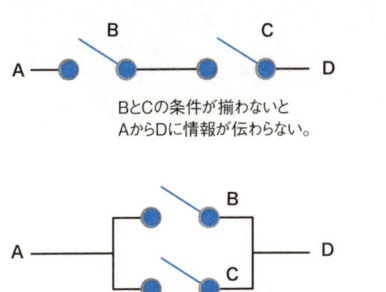

BとCの条件が揃わないとAからDに情報が伝わらない。

AND論理

BとCの条件が揃わなくてもどちらかがONになれば、AからDに情報が伝わる。

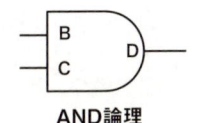

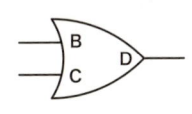

OR論理

ている場合は、Bの素子が「ON」になっても、Cの素子が「ON」になってもいずれの場合もAの情報はDに流れます。このような論理を、デジタル電気用語では「OR」論理とよんでいます。

このようにして、いろいろな条件に応じてこうした論理スイッチが組み合わさってデジタル回路が構成されています。表3-8-1は、デジタル論理回路で使われている論理記号です。入力信号（A、B）に対して、どのように論理演算を行ってYとして出力するかを記号で示したものです。デジタル回路では、この論理記号を使って、論理素子（ロジックIC）で回路が組まれています。

デジタル回路の基本は、まさにこのスイッチの組み合わせです。AND回路では、たとえば、果物の検査装置で、重さが200gで赤いリンゴのみ合格とする回路を作ったときに、重さ（Bのスイッチ）と赤い（Cのスイッチ）という条件の2つが揃いONになったときに情報が伝わって合格となります。

このように、デジタル回路は、ANDやORをたくさん組み合わせて入力に対して希望する出力を伝えるようにしています。

表 3-8-1　MIL と JIS の論理回路記号

理論	理論式	回路記号（MIL記号）	回路記号（JIS記号）
NOT	$\bar{A}$	A ─▷○─ out	1
OR	$A+B$	A,B ─▷─ Y	≥1
AND	$A \cdot B$	A,B ─D─ Y	&
XOR	$A \oplus B$	A,B ─▷─ Y	=1
NOR	$\overline{A+B}$	A,B ─▷○─ Y	≥1
NAND	$\overline{A \cdot B}$	A,B ─D○─ Y	&

3-9 デジタル回路③
デジタル回路の実際

●10キー・エンコーダ回路

デジタル回路では2進コードのデジタル信号を扱います。キーボード入力を2進コードに変換するのがエンコーダ回路です。図3-9-1に10キー入力（0〜9）を2進コード出力 A、B、C、D に変換する10キー・エンコーダ回路を示します。

●全加算回路

入力 A、入力 B、桁上げ入力 C の1ビットの3入力を加算するデジタル回路が全加算器です。出力は加算出力 S と次の桁への桁上げ出力 Co になります（図3-9-2）。

●フリップフロップ回路

入力状態を記憶して出力する回路がフリップフロップ（FF）です。記憶と出力の変化の具合により RS FF、JK FF、T FF、D FF などがあり、状態記憶、計数、遅延等の用途で使われています。

【RSフリップフロップ回路】

入力 S が1で入力 R が0のとき出力 Q が1に、入力 S が0で入力 R が1のとき出力 Q が0に変化して記憶した状態になるのが RS フリップフロップになります。色々なフリップフロップの基本になる回路です（図3-9-3）。

【JKフリップフロップ回路】

J、K 入力ともに0のときはクロック入力 CLK に関係なく元の出力 Q_n を維持します。J、K 入力ともに1のときはクロック入力 CLK に同期して出力は反転して $\overline{Q_n}$ になります。J、K 入力が0、1か1、0のときは、CLK に同期して RS フリップフロップと同じ動作になります（図3-9-4）。

図 3-9-1　10 キーキーボードとエンコーダ回路

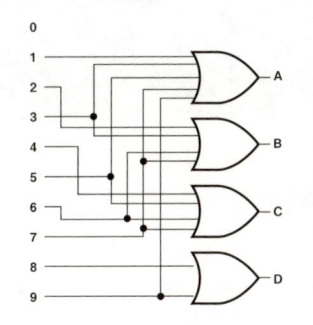

10進入力	2進出力 D C B A
0	0 0 0 0
1	0 0 0 1
2	0 0 1 0
3	0 0 1 1
4	0 1 0 0
5	0 1 0 1
6	0 1 1 0
7	0 1 1 1
8	1 0 0 0
9	1 0 0 1

図 3-9-2　全加算回路

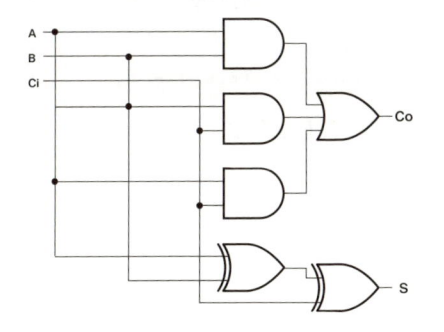

真理値表

入力Ci	入力A	入力B	出力Co	出力S
0	0	0	0	0
0	0	1	0	1
0	1	0	0	1
0	1	1	1	0
1	0	0	0	1
1	0	1	1	0
1	1	0	1	0
1	1	1	1	1

図 3-9-3　RS フリップフロップ回路

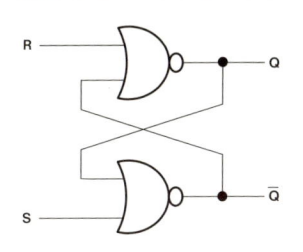

入力 S R	出力 Q_{n+1}
0　0	Q_n
0　1	0
1　0	1
1　1	禁止

＊R は RESET、S は SET を意味する。

図 3-9-4　JK フリップフロップ回路

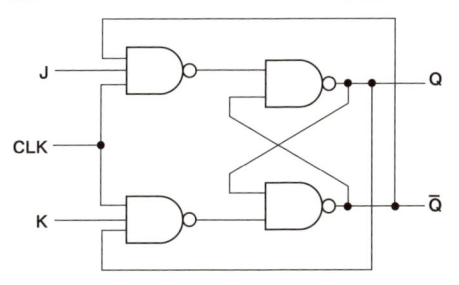

入力 J K	出力 Q_{n+1}
0　0	Q_n
0　1	0
1　0	1
1　1	$\overline{Q}_n$

3・電気回路・電子回路

3-10 デジタル素子の仲間

●デジタル素子の機能

　デジタル素子の基本は、トランジスタをON/OFFするインバータとして使う回路になります。現在のデジタル素子は、特別なデジタル機能を集積化したICやLSIとして使われています。そうしたデジタル素子は、機能や集積規模、演算形式やビット数、使われている半導体の種類などにより大きく区分されています。また、デジタル素子には、後からプログラムで機能を持たせることのできるプログラマブル素子や特定の顧客専用に論理回路設計されたカスタム素子もあります。また、デジタル回路とアナログ回路を同一のチップ上に集積化したデジアナ混在素子もあります。本書ではTTLとCMOSでファミリーを形成している小・中規模の論理を集積化したデジタル素子をとりあげます。

●TTLファミリー

　電気信号の話をしていると、TTL信号という言葉をよく聞きます。「データを取り始める起動信号はTTL信号で行います」という具合です。

　このTTLというのは何でしょうか？　TTLというのはTransistor Transistor Logicという英語の略語です。砕いていえばトランジスタ技術を使ったデジタル電気信号回路方式のことで、この方式を基にしていろいろな働きのあるICチップ（AND、OR、NOTなどの論理回路チップ）を作って共通化してデジタル回路を設計しやすくした素子です。

図 3-10-1　TTLロジック素子

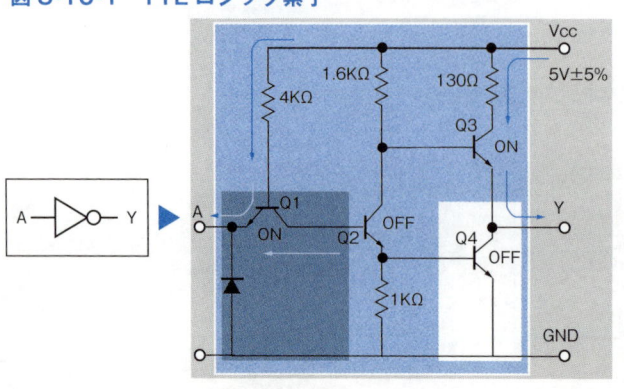

● TTL のインバータ回路

図3-10-1に示した回路は、TTL素子のインバータ（反転素子）とよばれているものです。左側にある三角形記号が論理回路を表していて入力部Aに入る信号と反対の信号を出力部Yから出力するものです。この回路には図中右部に示したように4つのトランジスタ（Q1～Q4）が使われており、各トランジスタの動作を表3-10-1に示します。

表 3-10-1 インバータ回路・トランジスタの動作

入力 A		トランジスタの動作状況				出力 Y	
レベル	電圧範囲	Q1	Q2	Q3	Q4	レベル	電圧範囲
H	2.2～5	OFF	ON	OFF	ON	L	0～0.4
L	0～0.8	ON	OFF	ON	OFF	H	2.6～5

※入力、出力の電圧範囲は、標準TTLの規格値です。

● CMOS ファミリー

CMOS汎用論理回路は、RCAが1968年に4000シリーズを発表し標準になりましたが、TTLファミリーとは互換性がないという問題点がありました。その後、TTLとピン配置や機能の互換がある消費電力の少ないシリーズが登場し、TTLの座を奪っていきました。また、TTLの高速性と高電流駆動出力とCMOSの低消費電力を併せ持ったBi-CMOSファミリーも開発されました。図3-10-2に汎用論理回路ファミリー開発の推移を示します。

図 3-10-2 汎用TTLファミリーとCMOS、Bi-CMOSファミリーの進化

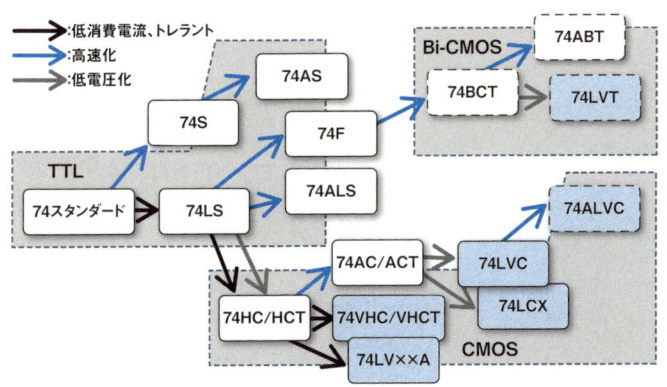

● CMOSとTTLの違い

　デジタル信号回路で使うICロジックファミリーには、大きく分けて上記の2つがありました。歴史的にみるとTTLロジックによる信号規格が早い時期に浸透し、後を追うようにしてCMOSが性能を上げ、1990年代から現在ではCMOSファミリーが圧倒的優位に立つようになりました。現在のパーソナルコンピュータは、CMOSによるデジタル信号回路で作られています。

　TTLによるICロジック素子は、1963年にアメリカのTI社（Texas Instruments）により開発され、CMOS素子は1968年アメリカのRCA社によって開発されました。

　デジタル素子が開発された1960年代のTTL素子とCMOS素子は、TTL素子の信号処理速度のほうがCMOS素子に比べて圧倒的に優れていました。かたやCMOS素子は、当初処理速度が遅かったものの、消費電力を食わず電源電圧も広い範囲で使えるという特徴を持っていました。

　図3-10-3に示したCMOSによるインバータ回路を見てみると、素子にはMOSFET（金属酸化膜電界効果トランジスタ、Metal Oxide Semiconductor Field Effect Transistor）が使われていて、素子の制御は電圧によって行われているのがわかります。TTL素子は、前ページに紹介したように電流制御によるトランジスタが使われているので、両者の違いは電圧制御と電流制御の素子の違いともいえます。したがって、CMOS素子では、非常に少ない電流でロジック処理を行うことが可能でした。反面、処理速度が遅く静電気に弱いという特徴も持っていました。

　そうしたCMOS素子が消費電力を抑えながら高速性能が向上し、TTLロジック素子とピン配置や使用上で互換性がとれるようになると、一気にその優位性が認められ、現在ではロジックICの主流となりました。

図3-10-3　CMOSのインバータ回路

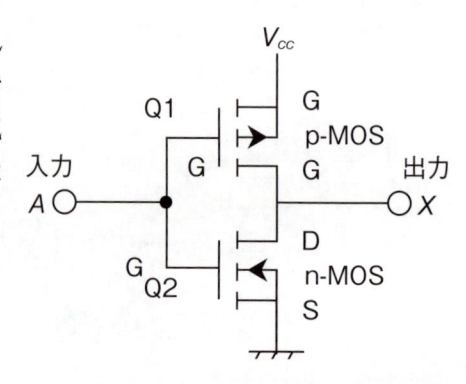

第4章

発電・送電

本章では発電機のしくみ、発電機を回転させて発電する発電所のしくみ、発電された電気を需要家まで送り届ける送電方式等について学びます。

4-1 発電の種類と方法

●電気を作る発電機

　電気はどのように作られているのでしょう。いろいろな方法がある中で、発電機で電力を作るのがもっとも一般的です。発電機というのはモータのかたちをしたもので、これを外部からの力で回転させると電気を発生します。自転車で車輪に付けられた発電機を回すと電気が起こせることで、発電機のしくみは経験されていると思います。自動車にも高性能発電機（ダイナモ）が取り付けられ、エンジンの回転で電気を発生しています。発電機の回転を人の足でやるか、ガソリンエンジンにするか、風力にするか、水の流れにするか、蒸気の力でタービンを回すかで発電の形態が変わってきます。

　発電には、直流発電と交流発電の2つの種類があります。発電機が発明された当時は、直流発電が主流でしたが、送電のメリットが認識されるようになると交流発電が主流となり、さらに三相交流発電が行われるようになりました（123ページ参照）。図4-1-1は火力発電所で使われていた蒸気タービンです。たくさんのタービンが直線上に配置されているのは高圧蒸気を何段にもわたって取り込んで無理なく蒸気の力を回転力に変えるためです。

　発電は、蒸気機関から始まりました。照明用電力として使われたのが最初です。以後需要の増大に伴い、大型の発電設備が整備されていきました。発電方法については、図4-1-2にまとめました。

●大型発電機の心臓部－蒸気タービン

　大型の発電機では、今のところ蒸気を動力として蒸気タービンを回す発電方式が主流です。蒸気タービンはスケーラビリティがよい（出力の大きな発電所が作りやすく効率もよい）ため、100万kWから300万kWのプラントが建設されています。蒸気タービンを回すための蒸気を作るのに、石油、石炭、液化天然ガス（LNG）などを使うのが火力発電で、原子力の反応熱エネルギーで蒸気を作るのが原子力発電です。火力発電では、大きなプラント建設が可能であ

図 4-1-1　火力発電の蒸気タービン

写真提供：東京電力(株)　電気の史料館

り、最大のものでは、三重県の川越発電所の液化天然ガスを使った480.2万 kW の施設があります。原子力発電は、火力発電のように二酸化炭素、酸化窒素の放出がないため理想の発電エネルギーとされてきましたが、2011年3月の福島第1原発の事故以降は、その位置付けが大きく見直されています。燃料が放射性物質であるため維持管理に危険が伴い、使用済み核燃料の管理もやっかいです。発電量は100万 kW 程度がほとんどで、国内で最大のものは柏崎刈羽発電所6号機、7号機の135.6万 kW です。

　最近話題になっている「エコ発電」とは、化石燃料や原子力に頼らない自然にあるエネルギーから発電する方法を総称してよんでいて、太陽光発電、風力発電、地熱発電などがこれに当たります。

図 4-1-2　いろいろな発電方法

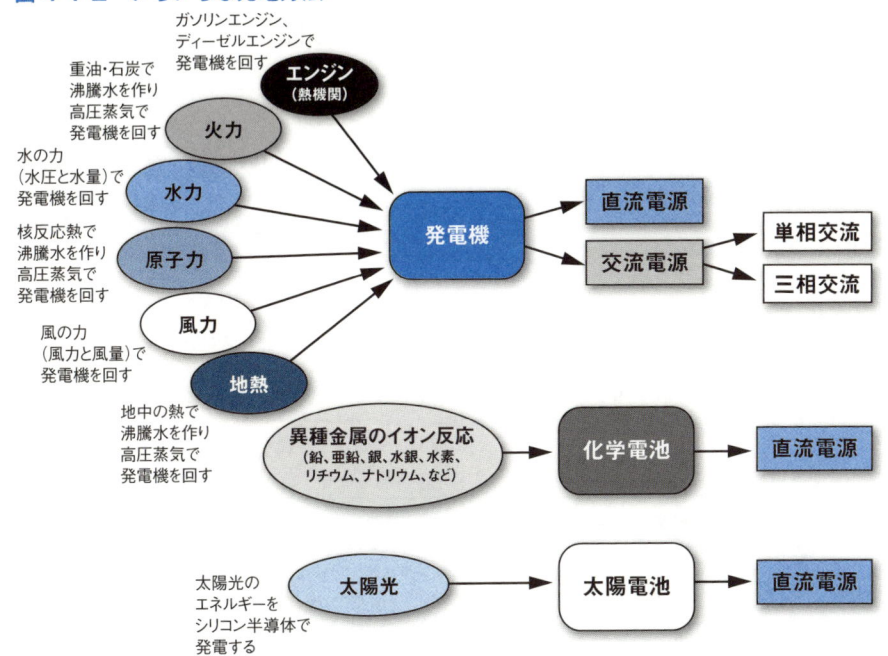

- 重油・石炭で沸騰水を作り高圧蒸気で発電機を回す → 火力
- 水の力（水圧と水量）で発電機を回す → 水力
- 核反応熱で沸騰水を作り高圧蒸気で発電機を回す → 原子力
- 風の力（風力と風量）で発電機を回す → 風力
- 地中の熱で沸騰水を作り高圧蒸気で発電機を回す → 地熱
- ガソリンエンジン、ディーゼルエンジンで発電機を回す → エンジン（熱機関）

火力、水力、原子力、風力、地熱、エンジン → 発電機 → 直流電源／交流電源 → 単相交流／三相交流

異種金属のイオン反応（鉛、亜鉛、銀、水銀、水素、リチウム、ナトリウム、など） → 化学電池 → 直流電源

太陽光のエネルギーをシリコン半導体で発電する → 太陽光 → 太陽電池 → 直流電源

4・発電・送電

4-2 火力発電

●電力供給の主流は火力

　火力発電は発電方式の中で主流を占めるものです。消費地に近い場所に建設できコストも比較的安価にできることから建設が進められてきました。しかし、燃料に化石燃料を使うため運用コストや二酸化炭素、窒素酸化物、硫化物を大気に放出する環境破壊の問題が指摘されています。そのため、石油を使った発電は年々減少してきて、液化天然ガス（LNG）や資源埋蔵量の多い石炭の利用が増えてきています。

　各家庭、各部屋にエアコンやテレビが備え付けられ、個人が200VAC、7A（1.4kW）の電気を使う時代になっています。日本人1億人の4分の1がエアコンにスイッチを入れるとすると、

$$2,500〔万人〕 \times 1.4〔kW〕 = 3,500〔万kW〕$$

　3,500万kWの電気を供給しなくてはなりません。この数字は、100万kWクラスの発電所が35基必要なことを示しています。夏場には、発電量の多くを冷房のために回しているといっても過言ではありません。実際のところ、夏場の電力需要の40％は冷房機器の使用電力といわれています。

表4-2-1　火力発電の種類

汽力発電	ボイラーなどで発生した蒸気によって蒸気タービンを回して発電する方式。
内燃発電	ディーゼルエンジンなどの内燃機関で発電する方式。離島などの小規模発電で利用される。
ガスタービン発電	高温の燃焼ガスを発生させ、そのエネルギーによってガスタービンを回す方式。
コンバインドサイクル発電	ガスタービンと蒸気タービンを組み合わせて、熱エネルギーを効率よく利用する発電方式。運転・停止が短時間で容易にでき、需要の変化に対応した運転ができ、発電効率がよいので環境面からも注目されている。

図 4-2-1　火力発電所のしくみ

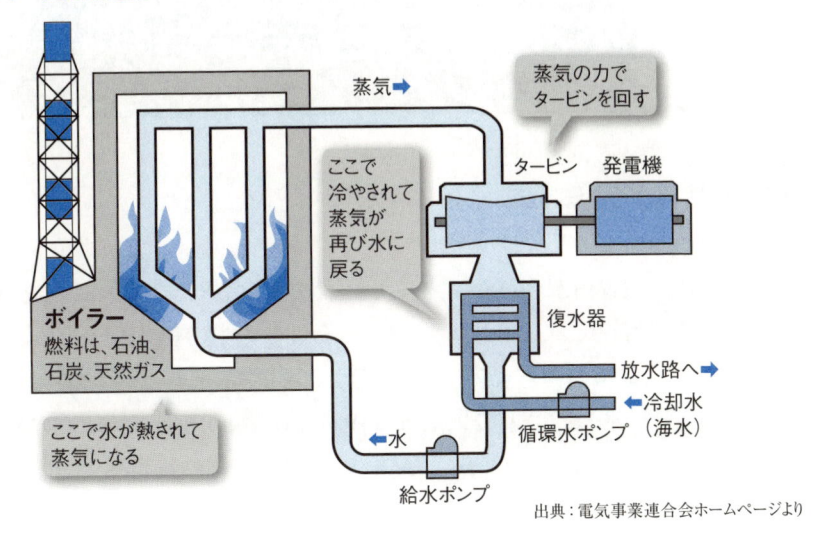

出典：電気事業連合会ホームページより

●増えるコンバインドサイクル発電

　石炭を燃料とする火力発電所では大量の貯炭場、捨灰場なども隣接して設けられますので100万㎡以上の広大な敷地を必要とします。中部電力の碧南火力発電所は、敷地160万㎡を有し、1号から5号まで5機の発電機があります。5機の合計発電出力は410万 kW になります。

　天然ガスを燃料とする内燃機関による発電と、天然ガスを燃焼させて作った蒸気で回転するタービンによる発電を組み合わせたコンバインドサイクルを多くの火力発電所で採用しています。東京電力の横浜火力発電所はAdvanced Combined Cycle 式を採用しています。稼働中の5号機から8号機の総出力は332.5万 kW になります。敷地は44万㎡で、石炭火力に比べると出力当たりの面積は約3分の1ですみます。

図 4-2-2　中部電力碧南火力発電所

写真提供：中部電力(株)

4-3 水力発電

●水力発電と発電方式

　水の持つエネルギーで発電機を回して発電するのが水力発電です。水力発電は、建設設備費用がかかることや立地条件を満たすところが少ないことから発電力シェアは伸び悩み、9%（838億kWh）から10%（1,013億kWh）のシェアとなっています。1発電機の発電規模は、100万kWが最高です。日本で最大の水力発電所は、揖斐川水系の奥美濃発電所で1994年に運転が開始され6基の発電機が150万kWの発電を行っています。二番目は、信濃川水系の新高瀬川発電所であり、4基の発電機で128万kWの発電を行っています。

●水力発電の方式

　水力発電の方式には雨季と乾季に対応して河川の水を蓄える貯水池式、電力消費の時間差に対応して水を蓄える調整池式、河川と発電所の高低落差を利用する流れ込み式などがあります。

図 4-3-1　水力発電の発電方式

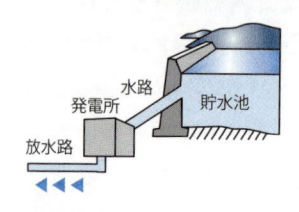

貯水池式
水量が豊富で電力の消費量が比較的少ない春先や秋口などに河川水を大きな池に貯め込み、電力が多く消費される夏季や冬季にこれを使用する年間運用の発電方式。

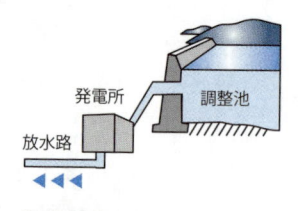

調整池式
夜間や週末の電力消費の少ないときには発電を控えて河川水を池に貯め込み、消費量の増加に合わせて水量を調整しながら発電する方式。

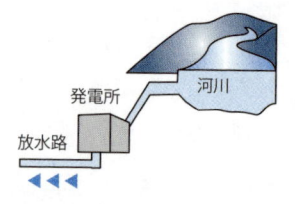

流れ込み式
河川を流れる水を貯めることなく、そのまま発電に使用する方式。

出典：資源エネルギー庁ホームページ

●主なダムの形式

　貯水池を人工的に作ったり川の流れをせき止めるには地形や地質に合ったダムが必要になります。ダムの水は発電以外にも水道用水や灌漑用水など多目的に使われています。現在では自然保護が優先されることや年間を通じて安定した水量を確保できるダム建設に適した立地条件の場所が少なくなり、新しく建設されるダムは少なくなっています。

【重力式ダム】
　ダム自身の重みで水圧等の外力に耐える形式で横断面が直角三角形をした直線構造が多く、日本に一番多いタイプです。

【アーチ式ダム】
　貯水池に向けて弓型に張り出した構造で水圧等の外圧を両岸で支えています。両岸の間が狭くて強固な地盤をしている場所が建設に適しています。

【ロックフィル式ダム】
　ダムの材料として岩石、砂利、砂、土質材料などを使った大型のダムになります。遮水壁にはコンクリート、アスファルト、遮水性の高い土質材料などが使われています。

図 4-3-2　ダムの形式　　左から重力式 / アーチ式 / ロックフィル式

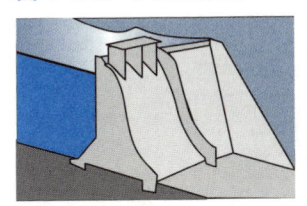

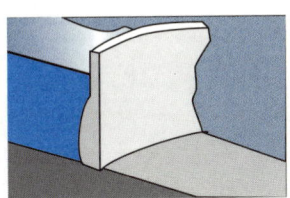

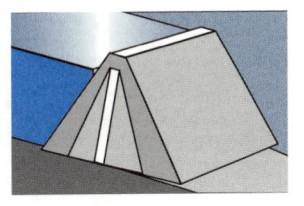

図 4-3-3　日野谷発電所（左・貯水池式）と矢作ダム (アーチ式)

写真提供：
徳島県企業局

4-4 原子力発電

●原子力発電事業の課題

　原子力発電は、安定した電力を得る上で必要不可欠なものとみなされてきました。日本では福島第1原子力発電所の事故までは電気量の約35%を原子力に頼ってきました。世界に目を向けるとフランスでは70%強を原子力発電に頼っており、アメリカ、日本、ロシア、イギリス、中国、韓国などが原子力発電への依存が高い国です。イタリア、スウェーデンでは原子力発電撤廃を決め、姿を消していきました。日本でも関係研究機関の研究費の見直しが迫られたり、大学の原子力関連の学科の人気が低下傾向にあるなど原子力の研究開発は伸び悩んできています。プラズマ、高速増殖炉など具体的な代替電気発電方式が定まらず、自然エネルギーを使った発電も開発途上にある現在のエネルギー事情では、原子力発電に依存せざるを得ない背景もありますが、2011年3月11日に起きた東日本大震災が投げかけた問題点は今後の電源供給のあり方に大きな課題を投げかけています。

図 4-4-1　核分裂のしくみ

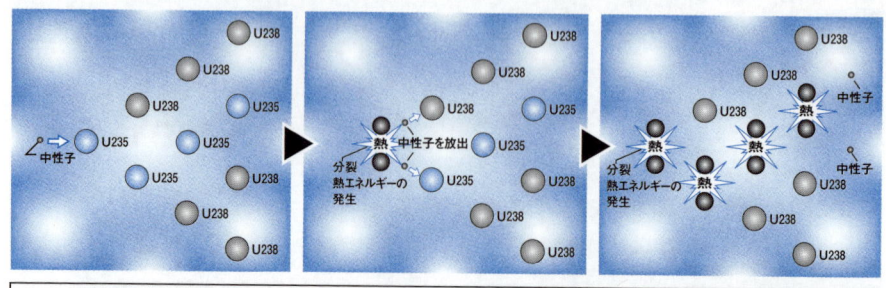

| ウラン235に中性子を当てると、核分裂が起こると同時に、新たに2～3個の中性子が発生する。この中性子をさらに別のウラン235に当てると、 | 核分裂が起き、さらに2～3個の中性子が発生する。原子力発電は核分裂が起きる際の膨大な熱エネルギーを利用している。 |

出典：電気事業連合会ホームページ

●日本の原子力発電の方式

　日本の原子力発電の方式は、技術導入のいきさつから沸騰水型軽水炉

（BWR）と加圧水型軽水炉（PWR）に二分されています（図4-4-2）。

【沸騰水型軽水炉(BWR)原子力発電のしくみ】

原子炉で沸騰して発生した蒸気はタービンへ送りこまれ、発電機を回します。蒸気は復水器で冷却されて水となり、給水ポンプで再び原子炉に送られ、加熱されて沸騰します（図4-4-3）。

東北電力、東京電力、中部電力、北陸電力、中国電力と日本原子力発電の敦賀1号、東海第2号ではBWRを採用しています。

【加圧水型軽水炉（PWR）原子力発電のしくみ】

原子炉で発生した高温の熱水は加圧器で加圧されて蒸気発生器に送り込まれます。ここへ復水器から送り込まれてきた水が蒸気に変えられてタービンへ送りこまれ、発電機を回します。蒸気は復水器で冷却されて水となり、再び蒸気発生器へ給水ポンプで送られます。

北海道電力、関西電力、四国電力、九州電力と日本原子力発電の敦賀2号ではPWRを採用しています。

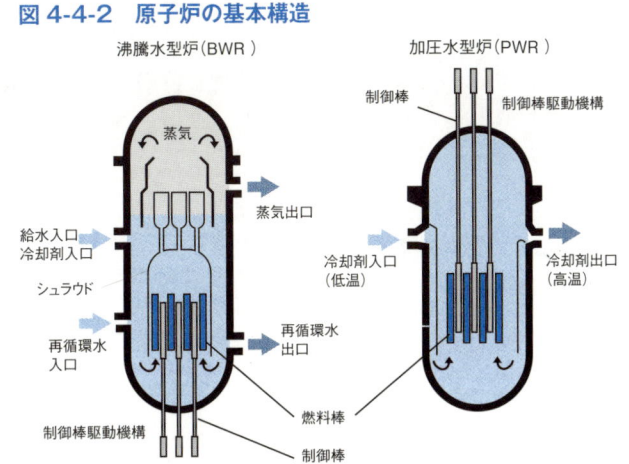

図 4-4-2　原子炉の基本構造

図 4-4-3　沸騰水型炉原子力発電のしくみ

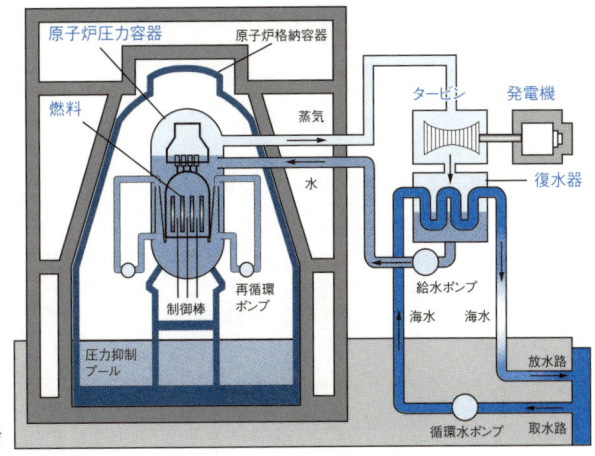

出典：電気事業連合会ホームページ

4-5 太陽光発電

●光エネルギーを電子に変えるシリコン

　近年、太陽電池の躍進が著しくなっています。人工衛星は、大きな羽根を広げて羽根に貼られた太陽電池パネルから衛星内の電力をまかなっています。太陽の光エネルギーを電気に変えるにはシリコンを使います。

　P型・N型それぞれを接合したシリコン半導体に太陽光を当てることで、負の電気と正の電気が生成されます。負の電気はN型シリコンへ、正の電気はP型シリコンへ分離されることにより、電極に電圧が発生します。この発電能力のあるシリコンを発電素子として使うのが太陽光発電です（図4-5-1）。

●普及が加速される家庭用太陽光発電システム

　太陽光発電による年間の日本の発電量は、2008年で214万kWだそうです。これは、大型火力発電所の2～3基分に相当します。太陽光電池は、1m×1mの大きさのパネルで最大約160Wの電力が発生します。これを屋根に葺いて30枚程度設置すると、最大4.8kWの電力を得ることができます。実際は、日照時間や天気の状況で発電量は変化するものの、真夏の暑い日には一軒屋の

図4-5-1　太陽光発電のしくみ

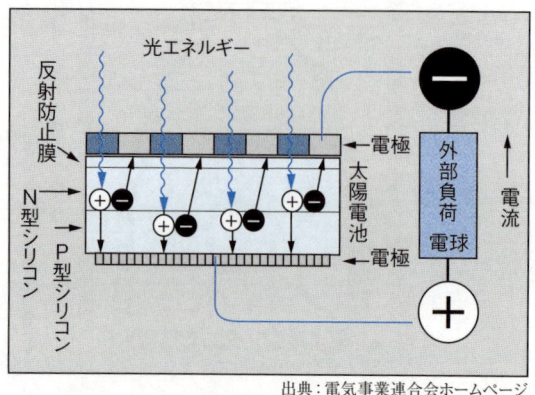

出典：電気事業連合会ホームページ

電力をまかなえるぐらいの電力は確保できます。

　太陽光発電された電力を家庭内で使うには安定した正弦波の交流に変換させるパワーコンディショナが必要になります。パワーコンディショナでは太陽光発電された直流を昇圧チョッパー回路部で高圧の直流にしてインバータ回路部に送ります。インバータ回路では50Hzか60Hzの交流に変換して波形整形フィルタ部に送ります。波形整形フィルタでは、インバータ回路から送られてきた交流から高調波を取り除いてきれいな100Vの正弦波交流にして出力します。

　太陽電池モジュールで発電された直流は、パワーコンディショナで交流にされ、住宅用分電盤を通って家庭内の機器に電力会社の電気に優先して供給されます。余剰電力があるときには売電メーターを通って電力会社に売ることができるシステムになっています。

図 4-5-3　太陽光電池パネル

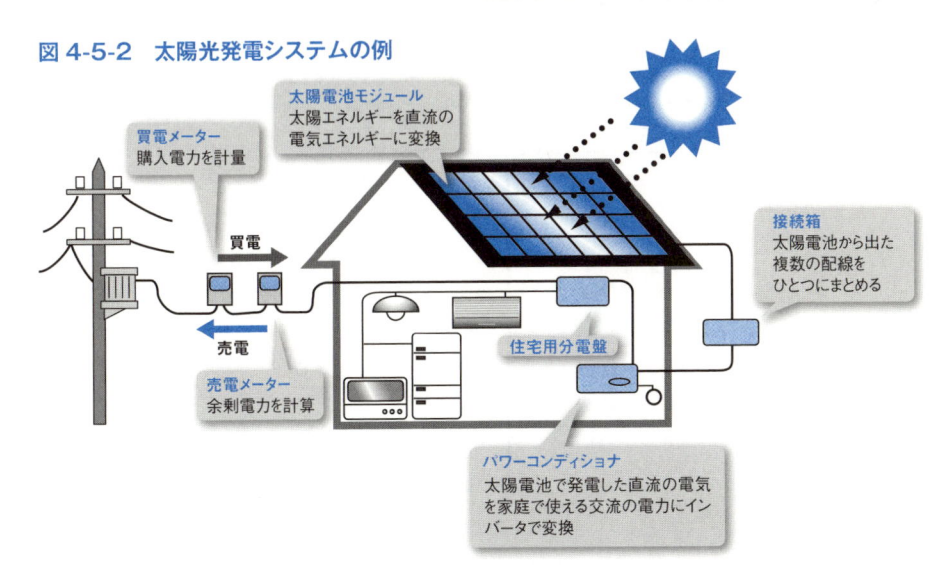

図 4-5-2　太陽光発電システムの例

4-6 風力発電・地熱発電・波力発電

●再生可能エネルギーの課題は電力の安定供給

　化石燃料や原子力に頼らず自然のエネルギーを電気に変える試みが地道に続けられています。化石燃料は有限であり、大気に炭酸ガスが放出されるという問題を抱えています。原子力発電の是非の論議はご承知の通りで、できるだけ原子力に頼らずそして二酸化炭素を出さない取り組みとしていわゆる「再生可能エネルギー」の導入が国をあげて検討され実用化されています。前節で記した「太陽光発電」がその筆頭ですが、それに次ぐのが風の力を利用してプロペラを回す風力発電です。そのほか、温泉などに見られる温水や地熱を利用した地熱発電装置や、波の高低で空気をタービンに送り発電機を回す波発電機などが建設されてい

図 4-6-1　風力発電のしくみ

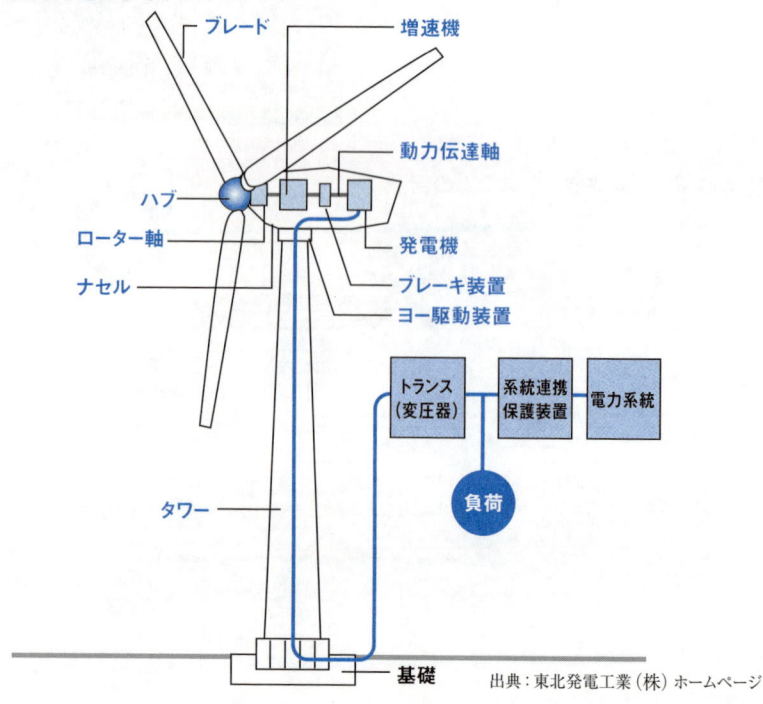

出典：東北発電工業(株)ホームページ

図 4-6-2　風力発電機の構造と名称　　図 4-6-3　横浜風力発電所

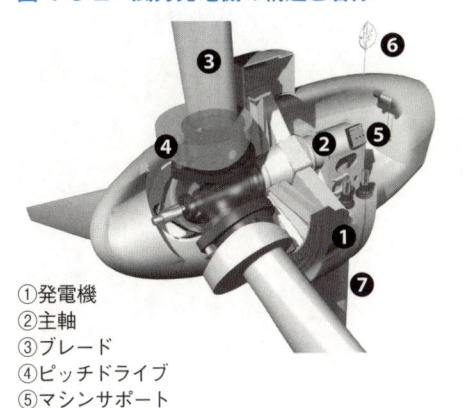

①発電機
②主軸
③ブレード
④ピッチドライブ
⑤マシンサポート
⑥風向・風速計
⑦タワー

出典：東京電力(株) ホームページ

ます。これらの発電方式の問題は、建設費もさることながら電力を常に安定して供給できるかどうかということです。これらの発電は、構造上大電力を確保するのが難しい一面を持っています。以下、順に概説していきます。

●風力発電

　大型の風力発電用風車のタワーが海辺とか山頂など風の通り道に設置されています。太陽光発電と異なり風が吹いていれば夜間でも発電できる利点があります。一方、風がなくなれば発電停止となるので出力変動が大きいという問題があります。また羽の風切り音が大きい、羽に衝突する野鳥、落雷による被害などの問題点もかかえています。また、陸上のほかに海に囲まれた日本の地の利を生かした「海上風力発電」の具体化も始まっています。

　図4-6-2に風力発電機の構造を示します。同期発電機①は、ブレード③が複数取り付けられている主軸②と直結していて、ブレード③が風を受けると回転して風のエネルギーを電気エネルギーに変換します。ブレード③の角度は、風向・風速計⑥の計測結果によりピッチドライブ④により制御されて安全な速度で回転します。このようにブレードと発電部は一体化されており、風の通り道にタワー⑦で取り付けられて設置されます。誘導発電機では主軸との間に増速機を入れる方式がとられます。発電された電気は、安定化された後に蓄電されたり、変電、送電されます。

●地熱発電

　地中のマグマの熱から作られた蒸気エネルギーを電気エネルギーに変換するのが地熱発電です。地熱発電は、太陽光発電や風力発電に比べて出力の安定した発電ができるという利点があります。一方で地熱が250℃以上で、地下水が豊富、地熱貯留層となる断層があるといった条件を満たす建設場所を国立公園以外の地に選定するのが難しいことや、周囲環境を保全した発電所設置に費用がかかるなどの問題点があります。

図 4-6-4
東京電力八丈島地熱発電所

写真提供：東京電力(株)

　地熱発電所の発電のしくみについて説明します。地下約300メートルから3,000メートルの井戸（生産井）を掘削して高温、高圧の熱水と蒸気を噴出させます。これをセパレータ（高圧気水分離器）およびフラッシャ（低圧気水分離器）へと導いて蒸気と熱水とを分離します。フィルタでクリーンにされた蒸気はタービンへと導かれてタービンを回転させ、熱エネルギーを機械エネルギーに変換します。タービンは、主軸が結合されている発電機を回転させて機械エネルギーを電気エネルギーへと変換します。発電された電気は変電、送電されて消費地へと送り届けられます。タービンを回した蒸気は復水器で冷却されて温水になり、冷却塔で冷却され、冷却水として再び復水器等で使用されます。また、蒸気と分離された熱水は還元井を通して地下へと戻されます。

図 4-6-5　地熱発電のしくみ

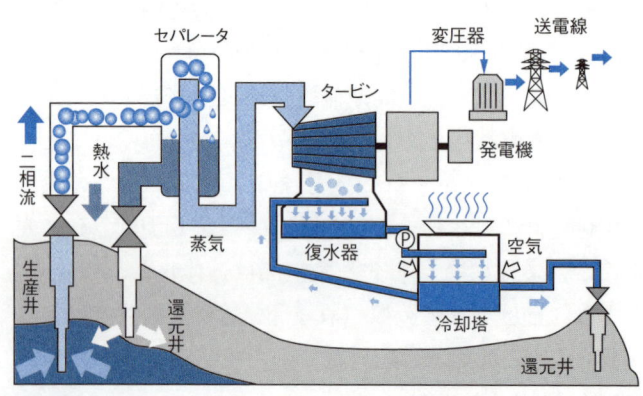

出典：資源エネルギー庁ホームページ

●波力発電

　波の寄せ波、引き波の上下によって発生する空気の流れでタービンを回し、タービンで駆動される発電機で波のエネルギーを電気エネルギーへ変換しています。この方式は、各地で実証実験がされてきました。

　水中に置かれたフロートを上下させて波の上下運動を機械的に接続された発電機へ伝えて発電する方式もあります。この方式は波の力を直接利用するので発電効率が空気の流れを利用する方式に比べて高くなります。発電された電力は、海底ケーブルで陸へと送電されます。

図 4-6-6　波力発電のしくみ

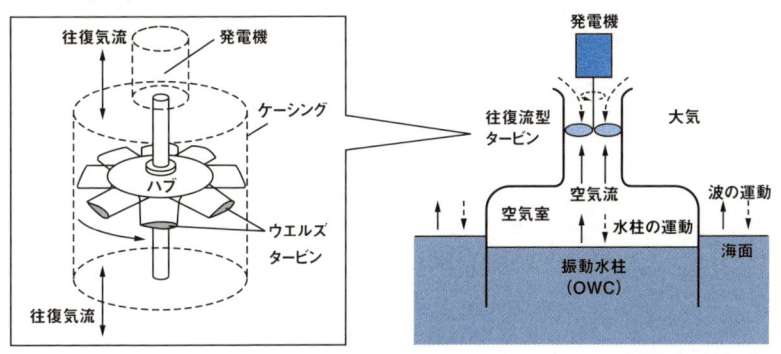

資料提供：高尾　学

Column
台風で発電 !?

　風力、地熱、波力のエネルギーを利用する発電をみてきましたがまだ手を付けられていない巨大な自然エネルギーに台風があります。中型の台風でさえ 10^{18} J ものエネルギーを持っており、この量は日本の火力発電量の5倍に達します。大型の台風になると優にその100倍ものエネルギーを持っているといわれています。台風は平均年間30個前後発生しています。地球の温暖化は、海表面の温度を上昇させて超大型台風を発生させるといわれています。このエネルギーを吸収して発電に利用すれば台風の被害も小さくすることができ、温暖化の抑止にもなります。

　東海大海洋学部船舶海洋工学科の寺尾裕教授は、20万トン級の帆船の船底に発電機を動かす大きなプロペラを設けた台風の強風を受けて動き回る台風発電船を提案しています。

4-7 バイオマス発電・ごみ発電

　バイオマス発電やごみ発電は、安定した出力が得られ、循環型社会形成に貢献する発電方式として注目されています。焼却に当たっては、ダイオキシンの排出抑制や焼却灰の低減など環境負荷の低減が求められています。

●バイオマス発電

　石油や石炭などの化石燃料を燃焼させて大気中に放出したCO_2を回収するには、植林をして植物に固定化させるなどの処置しかとれません。一方、木質バイオマスでは木が成長過程で光合成するときに水とCO_2からバイオマスCH_2OとO_2を作り出し、燃焼されて発電するときにはH_2OとCO_2を発生させます。成長過程で取り込むCO_2と燃焼時に発生するCO_2の量は同じです。木の一生を考えればCO_2フリーとなります。このようにして再循環システムが構成されるのです。

　木くずや間伐材から作る固体燃料や生ごみ、養豚や養鶏で発生する糞尿等をタンクで発酵させるとメタンガスや熱が発生します。バイオマス発電では、このバイオマス（生物資源）を発酵させて発生するガスを燃焼させてで

図 4-7-1　バイオマス発電のしくみ

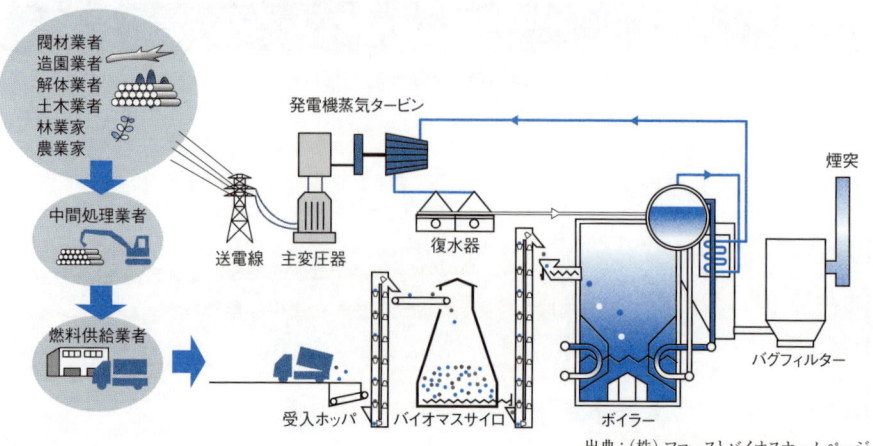

出典：(株)ファーストバイオスホームページ

きる熱で水蒸気を作り、この高圧水蒸気でタービンを回し、タービンに結合されている発電機を回して発電します。また、発生したメタンガスでガスエンジンを動かし、発電機を回転させて発電する方式もあります。発生したメタンガスを燃料電池の燃料として使う研究も進められています。バイオマス発電は、使われるバイオマスの材質により、木質系、農業系、畜産系などに分けられています。

● ごみ発電

都市ごみ系バイオマス発電にごみ発電があります。大都市で発生し、回収された大量の可燃廃棄物の一部はごみ焼却場に運ばれ、ボイラで焼却処分されます。このとき発生する焼却熱で蒸気を作り、この蒸気で発電機と直結したタービンを回して発電をします。このときに発電して余った熱や温水は、ごみ焼却場周辺地域や植物園の温室に配管されて暖房として、また温水プールの温水などとしても活用されています。

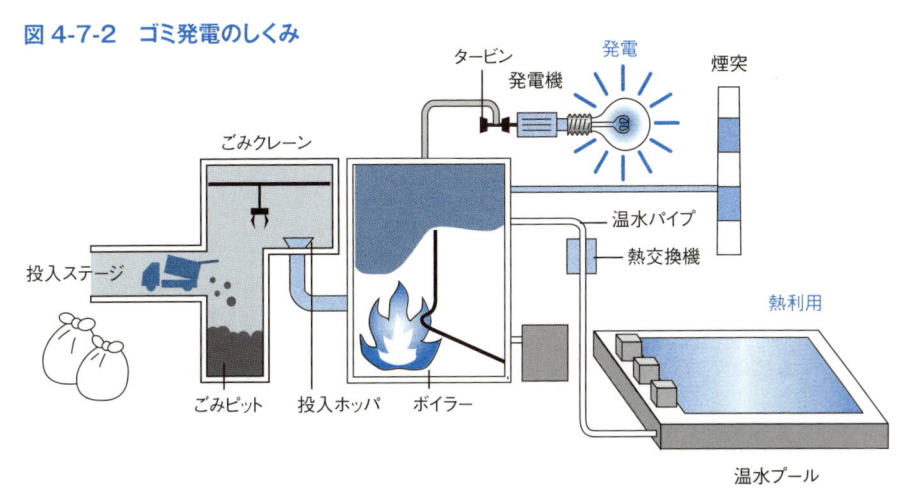

図 4-7-2　ゴミ発電のしくみ

出典：四国電力（株）ホームページ

4-8 パーソナル発電・その他

これまでに紹介した発電方式に加えてガスボンベや石油を使う発動機（エンジン）で発電機を回転させる発動発電機、ペダルを足でこいだり、手でハンドルを回したり、足で発電床を踏みつけたりと、人力で発電するパーソナルで小規模な発電方式が使われています。

●発動発電機

屋台などで使われている250ccガソリンエンジンを使った発々（発動発電機）は、100V5A（500W）程度の発電をすることができます。250ccエンジンは15馬力程度なので10％程度の効率で電気エネルギーを取り出している計算になります。建設現場や映画撮影ロケなどで大容量の電気が必要になる場合には、大型ディーゼルエンジン（5,000～10,000cc）を搭載した発動発電機が使用されます。大型の発動発電機は、電気溶接、電動サンダー、ドリル、照明装置などでも現場で使用されます。

大量に電気を消費する負荷をつなぐと、発動機の回転数が落ちてきます。回転数が落ちると電圧も落ちることになります。こうした負荷変動でも電圧が落ちないために、発動発電機の側に電圧を一定にしてきれいな正弦波で交流出力するインバータ回路が設けられています。便利な発動発電機ですが災害発生時に室内で発動発電機を使用していて、エンジンから出る排気ガスを

図4-8-1　インバータ発電機製品の例

左から「ENEPO EU9iGB」、「EU9i」、「EU16i」、「EU26i」　　写真提供：本田技研工業（株）

室内に排気してしまい、人命にかかわる事故を引き起こした例があります。発動発電機の排気には万全の注意を払う必要があります。

●いろいろな人力発電

　災害が発生して停電したときなど緊急時に使用するため、ペダルをこいで発電する人力発電機が各地の発明家により作られるようになりました。また、フィットネスクラブのランニングマシンなどのトレーニングマシンに発電機を組み込み、その発電量を表示する機能を持ったマシンが増えて運動のモチベーションを向上させるために一役かっています。人力発電機にはハンドルを手動で回して発電するタイプ、レバーを握ったり放したりして発電するタイプ、磁石が往復運動する筒を振って発電するタイプなど各種の方式があります。また改札口など人の通り道に敷きつめられた、圧電素子が埋め込まれたシートやピエゾシートを踏みつけて発電する発電床なども作られ、イベントなどでLEDイルミネーションを点灯させたりして活躍しています。

図 4-8-2　自転車タイプの人力発電

自転車のペダルをこいで後輪で発電機を回して発電。

写真提供：高知工科大学エネルギー科学教育研究会

図 4-8-3　ソニー　非常用手回し充電 FM/AM ポータブルラジオ「ICF-B02」

本体のハンドルによって発電機を回転させて発電／充電。

写真提供：ソニー（株）

4-9 送電のしくみ

一般の家庭で使われる電気は、
(1) 単相100V
(2) 単相200V
の2種類となっています。工場などでは、三相200Vが大型モータや電気炉に使われています。大口の需要家（大きな工場など）になると、送電線から高圧線を直接引き込んで、需要家が自ら変電設備を設けて自分のところの電力需要をまかなっています。

● **高電圧で送って電柱のトランスで降圧**

電気設備の低圧電源は、直流750V以下、交流600V以下で、日本では

図 4-9-1　送電システム

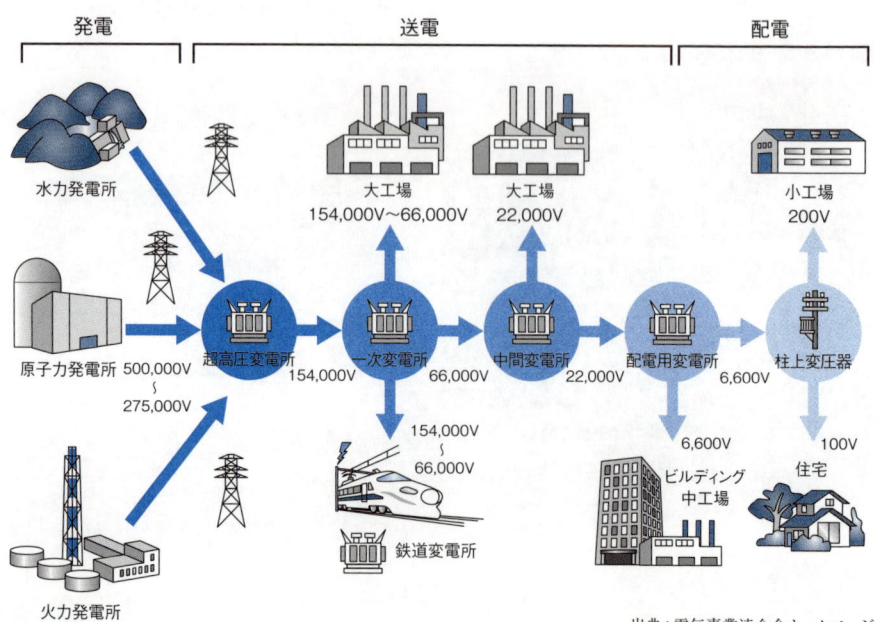

発電	送電					配電	
水力発電所		大工場 154,000V〜66,000V	大工場 22,000V			小工場 200V	
原子力発電所 500,000V〜275,000V	超高圧変電所 154,000V	一次変電所 66,000V	中間変電所 22,000V	配電用変電所 6,600V	柱上変圧器		
火力発電所		鉄道変電所 154,000V〜66,000V			ビルディング 中工場 6,600V	住宅 100V	

出典：電気事業連合会ホームページ

AC100V、AC200V、AC230V、AC400Vが低圧電源と取り決められています。100、200、400の値はわかりやすい電圧ですが、AC230Vはちょっとわかりにくい値です。このほかに、アメリカではAC110V、AC115Vという規格があり、日本とは若干の相違があります。

　各家庭に入る電力は、屋外の電柱（電信柱、正確には配電柱という）から引き込まれます。電柱には、円筒状の重そうなヒダの付いた鉄の箱（柱上トランス）が乗っていて、その箱から電力線が分岐して家庭に入っています。電柱の送電電圧は6,600Vであり、電柱の柱上トランスで100V、200Vに電圧を落としています。

　電柱の風上である変電所間では10倍の高い電圧である66,000V（=66kV）で送電が行われ、工場などの大口需要家には、そのままの66kVを渡したり、その3分の1である22kVの電圧に変圧して工場に送り込んでいます。

　変電所も大規模なものと小規模なものがありますが、大規模な変電所で電力送電の中枢をになう大動脈では、500kV（500,000V）の送電が行われています。この電圧は、発電所から超高圧変電所に送られてくるもので、この超高圧変電所から一次変電所までは、154kVで送電されています。また、都市部近郊で発電される比較的小さな発電所は、154kVで直接一次変電所に送られています。都市部から離れた大型の発電所では、先にも述べた500kV送電のほかに、275kVで送られています。

●なぜ高圧送電なのか

　電力を送るとき、電力が需要家の手元に届くまでに何割かの電力が漏れたり電線の抵抗で消費されます。そうしたロスをできるだけ防ぐためにいろいろな工夫がなされています。送電の電線を太くすればロスは少なくなります。また、電気が漏れないように、電線を取り付ける固定部には抵抗の高い絶縁体（碍子（がいし）など）を使います。絶縁体がしっかりしていれば電気は漏れません。これらの対策のほかにもっと効率よく送電を行う方法として高圧送電があります。自動車のボンネットをあけてバッテリーにつながれているケーブルを見たことがあるでしょうか。自動車のバッテリーは12VDCと低い電圧が使われています。そのためバッテリーにつながれているケーブルには太い電線が使われています。たくさんの電流を流すためには、低い電圧であっても太い電線を使わないと抵抗成分が大きくなり、自ら

の抵抗で電力を消費し、消費したエネルギーが熱となって発熱します。電線は、抵抗成分を抑えるために必要かつ十分な電線の太さが必要となります。

図4-9-2　業務用ブースターケーブル

写真提供：大自工業（株）

　自動車のバッテリーにつながれている電気パーツは、ヘッドランプ、ブレーキランプ、エアコンモータ、点火プラグ、ワイパー、ラジオなどトータル600W程度がバッテリーから供給されます。自動車のバッテリーは12VDCなので、600Wの消費電力は、供給電圧のDC12Vで割ってやると50Aとなり、かなり大量の電流が流れることになるのでブースターケーブルは太くなります（図4-9-2）。家庭用電源ではAC100Vなので、600Wの消費電力では6Aの電流ですみます。したがって、家庭用の電源コードはそれほど太くなくても、$1.25mm^2$程度の電線の太さで1,500Wまでの電気を流すことができます。

　電線が、仮に0.05Ωの抵抗を持っているとすると、その電線に50A流れる際に発生するジュール熱は、抵抗と電流の2乗に比例するので125Wとなります。このことは、白熱電球2個分の消費電力がケーブル内で無駄に消費されることになります。

　同じ電線（抵抗）を使って100Vの電圧にした場合、電線に流れる電流は6Aですみます。12V電源を使った場合の8.3分の1の電流で600Wの電力を供給できます。このとき、電線で消費される電力は、1.8Wとなり、電線での電力ロスは70分の1に抑えられます。つまり、同じ抵抗の電線を使うならば、電圧を高くしたほうが電圧の2乗分の電力ロスが軽減されることになるのです。AC100VよりAC1,000Vのほうが100倍送電ロスが少なくなり、AC100kVなら100万倍もの送電ロスが抑えられる計算になります。高圧送電は危険が伴いますが大きなメリットがあるため、電力送電での高圧送電が常識となっているのです。

　交流は、変圧器で電圧を自由に変えられるので、送電ロスを抑えるために交流によって電圧を変えて高電圧で送電しているのです。

●高圧送電線

　電力の送電に使われる送電線は、電気抵抗の少ない銀や銅が使われているかというとそうではなく、アルミニウム導線（$2.5 \times 10^{-8}\,\Omega \cdot m$）が使われています。アルミニウムは、銅に比べると非常に軽く、比重は銅の3分の1です。数100kmにも及ぶ距離を送電する場合に、鉄塔工事や敷設工事にかかる費用や材料費は無視できない問題となります。電気抵抗が1.6倍高いアルミを使っても、その分だけ電圧を高めれば送電電流が減らせるため、アルミの軽さを考慮するとアルミニウム送電線を使うことのほうにメリットが出てくるのです。そうした理由から、現在では高圧送電線の99％にアルミニウム送電線が使われています。

図 4-9-3　高圧送電線導体の展示

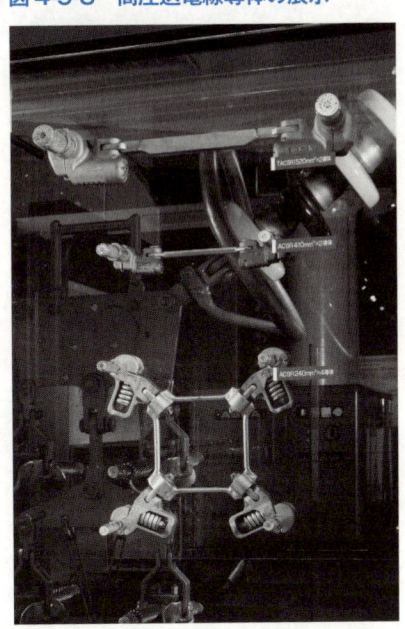

写真提供：東京電力（株）電気の史料館

図 4-9-4　高圧送電鉄塔の高さと高圧電線の構造

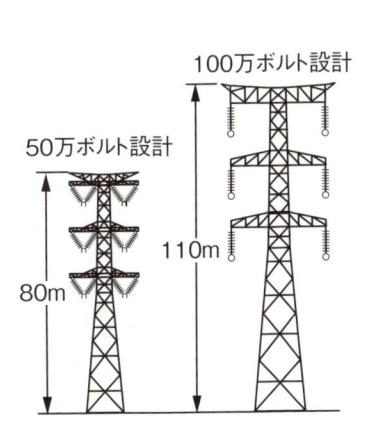

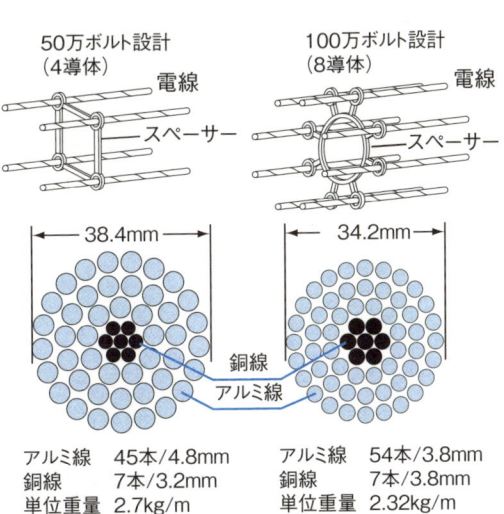

50万ボルト設計　80m
100万ボルト設計　110m

50万ボルト設計（4導体）
電線　スペーサー
38.4mm
銅線
アルミ線
アルミ線　45本/4.8mm
銅線　7本/3.2mm
単位重量　2.7kg/m

100万ボルト設計（8導体）
電線　スペーサー
34.2mm
アルミ線　54本/3.8mm
銅線　7本/3.8mm
単位重量　2.32kg/m

出典：東京電力（株）ホームページ

Column
日本の発電所事情　50Hzと60Hz

　日本には、電源周波数が50Hzと60Hzの2種類があります。同一の国で2つの電源周波数を採用しているのは極めて異例のことです。これは歴史的な伏線がありました。関東以東の東日本が50Hzの電源周波数を採用する契機になったのが、浅草火力発電所のドイツ製発電機設置でした。これに対し、西日本では明治30年（1896年）の大阪電灯の幸町発電所の増設にアメリカのGE社製150kW発電機4基を導入し、これが60Hzだったことに由来します。幸町発電所は、開業時の設備は、アメリカトムソン・ハウストン社（Thomson-Houston Company）製単相交流120kW、1,155V、125Hz発電機3基であったのが、増設に当たりトムソン・ハウストン社がエジソン社と吸収合併されてGE社となったため、GE社製の発電機が採用されることになりました。こうして、大阪電灯が60Hzを採用したため、距離的に近い神戸電灯や、名古屋電灯もアメリカから発電機を購入していくようになり、西日本が60Hzとなっていきました。

　大阪電灯は、ほかの電灯会社と違っていち早く交流発電の優位性を見通していたといわれています。1887年（明治20年）、東京電灯による日本初の電気供給事業は直流で始められました。それに続く神戸電灯、京都電灯、名古屋電灯、横浜電灯も直流方式が採用されました。しかし、大阪電灯の岩垂邦彦だけは、将来の需要の増大とそれに伴う長距離送電の必要性から、高圧交流送電のほうが有利と判断し、1889年の開業当初から交流方式を採用しました。こうして大阪電灯は、トムソン・ハウストン社製の単相交流発電機1,155Vで発電して、需要家に52Vに降圧して供給したのです。

図4-A　50Hz地域と60Hz地域の境界

第5章

さまざまな電池

電池は、化学作用によって電気を作り出す装置です。
電池の基本は、酸とアルカリが反応して、反応する際に移動する
電子を取り出して別の目的に使うものです。
ここでは、いろいろな種類の電池のしくみを見ていきましょう。

5-1 電池開発の歴史的背景

　初めて電池を考えたのは、イタリア人の物理学者でパヴィア大学教授アレッサンドロ・ボルタ（Alessandro Volta：1745～1827）という人で、1800年のことです。彼の功績にちなんで、電圧はボルト（V）と名付けられています。彼の説は、2種の金属を重ね合わせると、この間に電位差ができてこれが電気の発生を促すとしたものでした。

●ボルタの学説

　ボルタの学説は、当時、「電気は、金属ではなく動物の体内にのみ電気の発生機構が存在する」とするイタリアの解剖学者ガルバーニ（Luigi Galvani）らの説に真っ向から反論するものでした。ボルタは、1794年から1797年にかけて、種々の異種金属間の接触によって生じる電気量を測定して、金属の電気列を見出し、接触電位差の考えに到達していました。1799年には、銅板と亜鉛板の間に湿った布を挟み、これを何十組も重ねて、「ボルタの電堆」（Voltaic Pile）を

図 5-1-1　ボルタ電池とダニエル電池

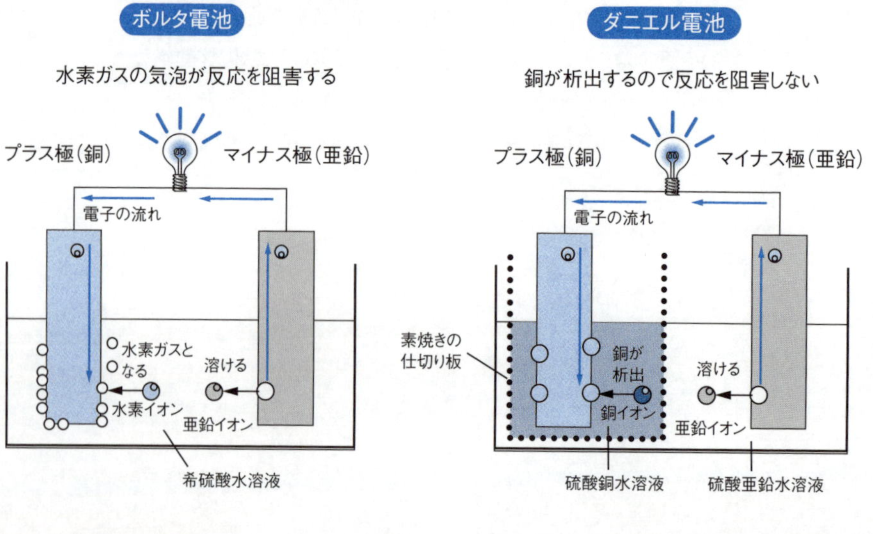

作りました。さらに、銅と亜鉛を希硫酸溶液に浸した電池も発明しました。電池は、化学作用によって電気が発生するものなのです。

　ボルタの電池は、発電機がない時代にあっては非常に珍重され、大切な電源となっていました。電気化学者たちは、このボルタの電池の恩恵を受けて、研究に勤しむことができたのです。実際のところ、ボルタの電池ができるようになって、電気工学、電気化学が大いなる発展を見ました。ボルタの電堆以前は、静電気ぐらいしか電気を作ることができなかったのです。それがボルタの電堆によって自由に電気を扱えるようになったのですから、電気の素性の研究はもとより、電気による化学分解の研究もすすみ、多くの気体や元素が発見されるようになりました。

●電池のその後

　1800年にボルタの発見した電池には、分極作用のため起電能力が落ちてしまうという欠点がありました。そこで酸化剤を使用したり、電極や電解液の種類を様々に工夫した多くの電池が開発されました。また、いろいろな形式の一次電池と二次電池が開発されていきました。1836年にダニエルが分極作用を抑える目的で素焼きの陶板などの仕切り板をプラス極とマイナス極の間に設けたダニエル電池を発明しました。直接、両極の液が混ざり合わないようになり、イオンのみが移動できるようになったので持続時間が大幅に改良されました。

表 5-1-1　ボルタ電池以後の電池開発史

1836年	イギリス人ダニエルが二液式ダニエル電池を開発。
1838年	イギリス物理学者グローブが水素・酸素燃料電池の原型を開発。
1859年	フランスの科学者プランテが充電式の鉛蓄電池の原型となる二次電池を開発。
1868年	フランスの電気技師ルクランシェがマンガン電池を開発。
1901年	エジソンとユグナーがアルカリ蓄電池の原型を開発。
1941年	高密度な酸化銀蓄電池が開発される。
1942年	酸化水銀電池が開発される。
1947年	ニッケル・カドミウム蓄電池が開発される。
1973年	二酸化マンガン・リチウム電池が開発される。
1981年	リチウム黒鉛化炭素複合（イオン）蓄電池が開発される。

5-2 電池の種類

●電極の素材と電圧

　電池の発生する電圧は使用する電極の種類によって決まります。ボルタは、亜鉛と銅という2つの金属を用いて電池を作りました（図5-3-1）。亜鉛は、硫酸の電解液に対して－0.76Vの電位を持ち、銅は逆に＋0.34Vの電位を持ちます。この両金属の電位差が電池の電圧となるわけです。金属は、イオン化するときに固有の電位を持ち、イオン化しやすい金属ほど電位差が大きい性質を持っています。金や水銀、銀はイオンになりにくい物質で、亜鉛やマグネシウム、ナトリウム、リチウムはイオンになりやすい物質です。

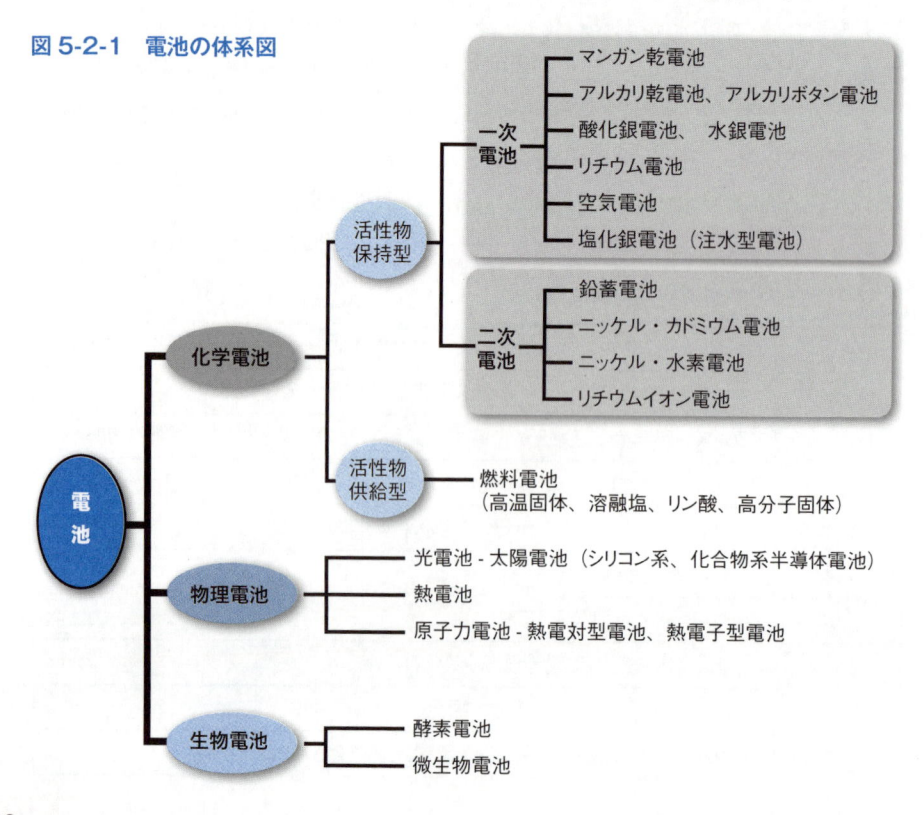

図 5-2-1　電池の体系図

```
電池 ─┬─ 化学電池 ─┬─ 活性物保持型 ─┬─ 一次電池 ─┬─ マンガン乾電池
      │            │                │            ├─ アルカリ乾電池、アルカリボタン電池
      │            │                │            ├─ 酸化銀電池、水銀電池
      │            │                │            ├─ リチウム電池
      │            │                │            ├─ 空気電池
      │            │                │            └─ 塩化銀電池（注水型電池）
      │            │                │
      │            │                └─ 二次電池 ─┬─ 鉛蓄電池
      │            │                             ├─ ニッケル・カドミウム電池
      │            │                             ├─ ニッケル・水素電池
      │            │                             └─ リチウムイオン電池
      │            │
      │            └─ 活性物供給型 ─── 燃料電池
      │                               （高温固体、溶融塩、リン酸、高分子固体）
      │
      ├─ 物理電池 ─┬─ 光電池 - 太陽電池（シリコン系、化合物系半導体電池）
      │            ├─ 熱電池
      │            └─ 原子力電池 - 熱電対型電池、熱電子型電池
      │
      └─ 生物電池 ─┬─ 酵素電池
                   └─ 微生物電池
```

表 5-2-1　一次電池・二次電池の電池の種類と特性

種類	名称	一般形状	公称電圧(V)	活物質 正極	活物質 負極	電解質	特徴	使用例
一次電池	マンガン乾電池	筒状	1.5	二酸化マンガン	亜鉛	塩化亜鉛	安価 乾電池の基本	懐中電灯、ラジオ、時計
	アルカリ乾電池	筒状	1.5	二酸化マンガン	亜鉛	水酸化カリウム	強電流 連続放電	モータ駆動（ウォークマンなど）
	アルカリボタン電池	ボタン	1.5	二酸化マンガン	亜鉛	水酸化カリウム	強電流 連続放電小型、電圧安定	カメラ、電卓
	酸化銀電池	ボタン	1.55	酸化銀	亜鉛	水酸化カリウム	強電流 連続放電小型、電圧安定	カメラ、電卓、時計
	水銀電池	ボタン	1.35 1.4	酸化水銀	亜鉛	水酸化カリウム	強電流 連続放電小型、電圧安定	カメラ、補聴器
	空気電池	ボタン	1.4	空気	亜鉛	水酸化カリウム	強電流 連続放電小型、電圧安定 大容量	補聴器
	リチウム電池	コイン	3	二酸化マンガン	リチウム	有機電解	安定電圧 出力電流小長期保存可能	カメラ、電卓、時計、メモリバックアップ、ICカード
		コイン	3	フッ化黒鉛	リチウム	有機電解		
		ボタン	1.55	酸化銅	リチウム	有機電解		
		筒型	3.6	塩化チオニル	リチウム	塩化チオニル		
二次電池・蓄電池	リチウムイオン電池	ボタン	3〜2	活性炭	ウッド合金リチウム	有機溶媒	1〜2時間の使用に適	時計、メモリバックアップ
		ボタン	2〜1.5	二硫化チタン	リチウムアルミ合金			
		筒	2.4〜1.3	二硫化モリブデン	リチウム			
	鉛蓄電池（鉛酸電池）	普通 密閉	2/セル	二酸化鉛	鉛	希硫酸	安定したバッテリー比重の管理重要	自動車など
	ニッケル・カドミウム電池	普通 密閉	1.2/セル	オキシ水酸化ニッケル	カドミウム	水酸化カリウム	強電流 連続放電可能 空状態での保存可能 メモリ効果あり	8ミリビデオ、ストロボ、各種携帯電化製品
	ニッケル・水素電池	円筒プレート	1.2/セル	ニッケル		苛性カリ水溶液	ニッケル・カドミウムよりエネルギー密度高 電気容量高 メモリ効果小	ニッケル・カドミウム電池の代替、携帯製品、ハイブリッドカー

5-3 電池の反応原理
負極、正極、セパレータ

　電池のしくみは、その化学反応をいかに持続させて強い電流を作り出すかというところに行き着きます。電池に応用される化学反応は、主にイオン反応で、酸とアルカリの反応です。この反応には、リチウム電池を除き、ほとんどの電池に水素と酸素が介在します。電池にはプラスとマイナスの2つの電極が存在します。電極間でイオン反応を起こす物質を電池用語で「活物質」とよんでいます。

● **電池原理は化学反応**

　電池は、化学反応作用で電気を作るものです。小学校の理科の時間に水溶液の電気分解という実験を行ったと思います。水溶液に浸した電極から電気

図 5-3-1　ボルタの電池の原理

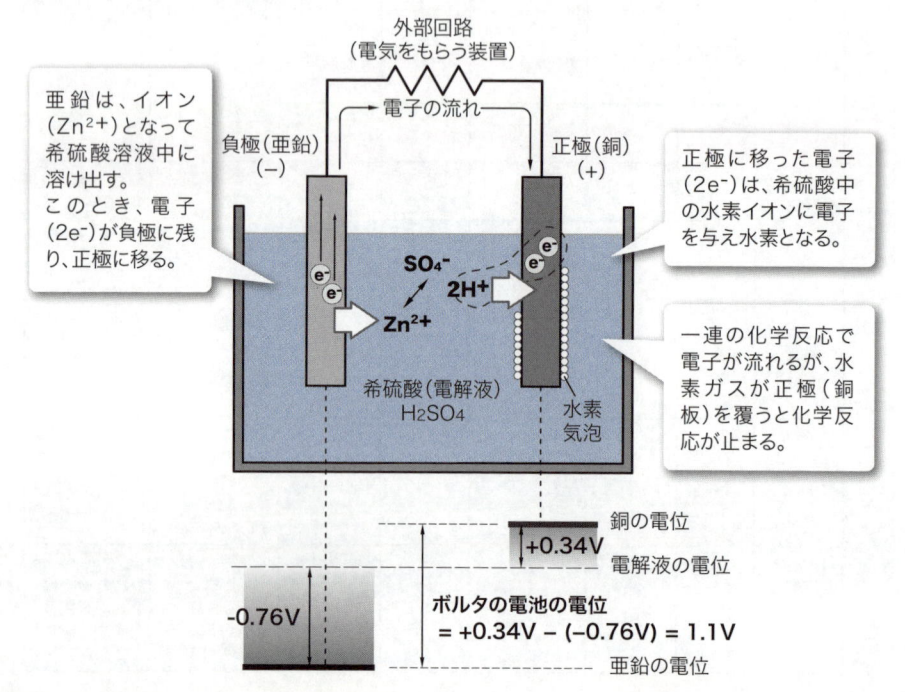

亜鉛は、イオン（Zn^{2+}）となって希硫酸溶液中に溶け出す。
このとき、電子（$2e^-$）が負極に残り、正極に移る。

外部回路（電気をもらう装置）
電子の流れ
負極（亜鉛）（−）
正極（銅）（＋）

正極に移った電子（$2e^-$）は、希硫酸中の水素イオンに電子を与え水素となる。

SO_4^-
$2H^+$
Zn^{2+}

希硫酸（電解液）
H_2SO_4
水素気泡

一連の化学反応で電子が流れるが、水素ガスが正極（銅板）を覆うと化学反応が止まる。

−0.76V
+0.34V

銅の電位
電解液の電位

ボルタの電池の電位
= +0.34V − (−0.76V) = 1.1V

亜鉛の電位

を流すと泡の気体が電極にまとわりつきました。電気によって分子を分解して単一元素を取り出すことができます。電池は、この電気分解の逆作用のものです。イオン化しやすい金属を使って、イオン化した溶液（電解質溶液）に浸すと、金属はその水溶液中に溶けだしイオン化によって遊離した電子が電極を伝わって相手方の電極に流れていきます。これが電池の根本です。これをイタリア人の化学者ボルタが突き止めました。この基本原理をもとに化学反応を持続する物質を突き止めれば、反応によって遊離した電子が電子の道（導体）を伝わって長時間流れるようになります。

●負極と正極

　負極にあてる活物質は、電解質（通常は溶液）に溶けやすい物質が使われます。つまりイオン化しやすい（イオン化傾向の大きい）金属が選ばれます。亜鉛、リチウム、鉛、カドミウムがこれに当たります。これが電池の第一の本質です。電解質に活発に溶けていく金属の化学エネルギーによって電気が発生します。したがって電解質は、いかに気持ちよく負極活物質が溶けてくれるかという環境を整える場でもあります。

　正極には、負極活物質が電解質中にイオンとして解け出すので導電線を伝わって電子が集まります。すると溶液中の水素イオン（H^+）が引き付けられ、負極から流れてきた電子と結合して水素分子ができ水素の気泡ができます。これを「分極」といいます。分極が起きると電気はとたんに流れなくなります。この分極を防ぐため、正極の活物質にはあらかじめ酸素を持った酸素合金（二

図 5-3-2　イオン化傾向と起電力

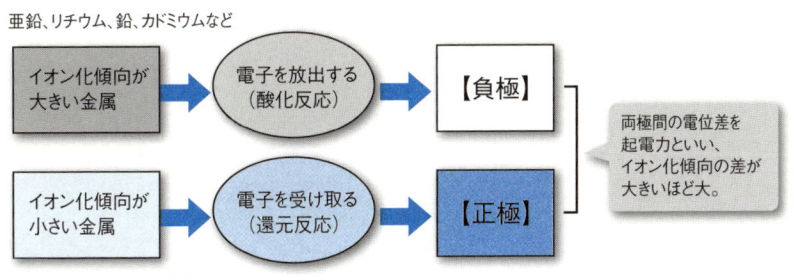

亜鉛、リチウム、鉛、カドミウムなど

イオン化傾向が大きい金属 → 電子を放出する（酸化反応） → 【負極】

イオン化傾向が小さい金属 → 電子を受け取る（還元反応） → 【正極】

両極間の電位差を起電力といい、イオン化傾向の差が大きいほど大。

銅、二酸化マンガン、酸化銀など

酸化マンガン、酸化銀、酸化水銀、二酸化鉛、オキシ二酸化ニッケルなど）が使われ、電極に集まった水素を酸素と反応させて水にしてしまう方法がとられています。ボルタの電池は、銅（正極）と亜鉛（負極）を使用していました。この場合、水素イオンは正極（銅板）に集まり、水素泡が発生しました。ボルタの電池の最大の悩みが、この分極だったのです。

　こうしたイオン反応を起こす材料を探して、この反応が長く続き安定した出力が出せる電池の開発が続けられていきました。電池の歴史は、この反応の高効率化への戦いであったのです。

●セパレータの役割

　もうひとつ、電池の性能を左右する要素にセパレータがあります。電池の中に入っていて外には出てこないのであまり聞き慣れないものなのですが、このセパレータによって電池が長続きするのです。セパレータを簡単にいってしまうと、「正極」世界と「負極」世界を分離させてイオンだけを通過させる選択透過膜ということになります。このセパレータがない時代には、電池内部での反応は即座に終わってしまっていました。セパレータの出現により正極と負極を近づけられるようになり、シート状のセパレータをクルクルと巻物のように巻くことによって小さな容積でも面積を多くとることができるようになりました。セパレータは電解質に対して安定していて、電解液をたくさん含む能力を持つものが適しています。

　セパレータとしてもっともよく使用されているのは不織布です。このほかに細かい孔があいた微多孔フィルムが使われています。代表的なセパレータの材質としては、鉛蓄電池では微孔樹脂やガラスマットが使われ、ニッケル・カドミウム電池ではナイロン不織布やポリプロピレン不織布が使われています。リチウム電池では、ポリプロピレン微孔性フィルムやポリエチレン微孔性フィルムが使われています。

5-4 一次電池① マンガン乾電池 / アルカリ乾電池 / 酸化銀電池 / 水銀電池

　一次電池とは使い捨て電池のことです。安価で使い勝手がよいことから日常品に使われています。

● マンガン乾電池

　マンガン乾電池を作っているメーカーのデータによると、負荷抵抗10Ωで一日4時間の放電を20℃の環境で行った場合、終止電圧1.0Vに達するまで62時間の使用ができるとありました。16日間の使用に耐えるということです。電流も150〜100mA程度流せる能力を持っていることになります。このデータをもとに、全体の電気量を計算すると、平均電圧1.25V、電流125mA、時間62時間で、

$$1.25 〔V〕 × 0.125 〔A〕 × 62 〔h〕 = 9.69 〔Wh〕$$
$$0.125 〔A〕 × 62 〔h〕 = 7.75 〔Ah〕$$

という性能になります。

図 5-4-1　マンガン乾電池とアルカリ乾電池の構造

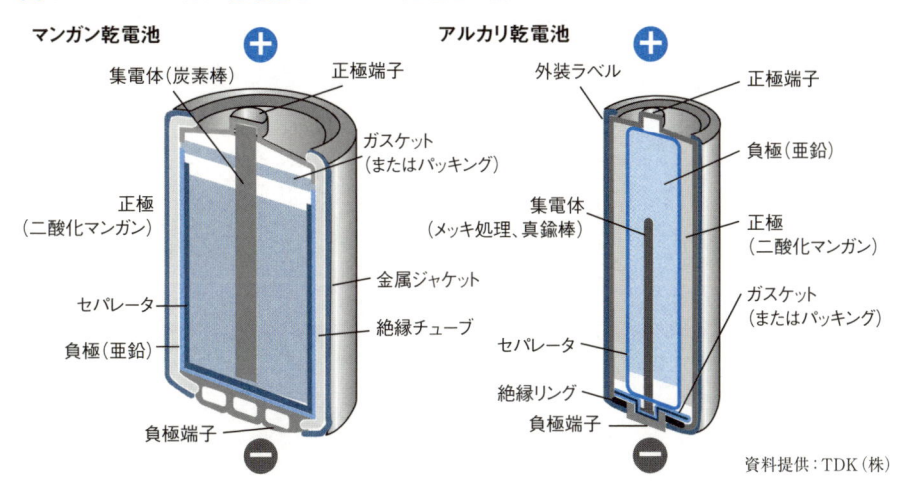

マンガン乾電池
- 集電体(炭素棒)
- 正極端子
- ガスケット(またはパッキング)
- 正極(二酸化マンガン)
- 金属ジャケット
- セパレータ
- 負極(亜鉛)
- 絶縁チューブ
- 負極端子

アルカリ乾電池
- 外装ラベル
- 正極端子
- 負極(亜鉛)
- 集電体(メッキ処理、真鍮棒)
- 正極(二酸化マンガン)
- ガスケット(またはパッキング)
- セパレータ
- 絶縁リング
- 負極端子

資料提供：TDK(株)

Whという単位は、エネルギーと時間（hour）の積による全エネルギー量を表します。全エネルギーにはJ（ジュール）という単位がありますが、これはW・s（ワット・セコンド）です。Whは1時間単位のエネルギー量であるため、Wh=3,600Jという換算になります。Whは、消費電力1ワットを1時間流し続けたときの電気量を表します。乾電池の電気総容量を示すには都合がよいものの、おおよその目安であって厳密ではありません。電池は、使用する温度や湿度によって能力が変わり、1A流すのと0.01A流すのでは耐久力も変わってきます。ちなみに、単三乾電池は、上記の単一乾電池の10分の1程度の電気容量になり、単二乾電池は3分の1程度の容量となります。

●アルカリ乾電池の特徴

　アルカリ乾電池は、マンガン乾電池と外観及び電圧が同じで、電気容量が4～5倍の性能を持つものです。乾電池自体の内部抵抗が少ないために、マンガン乾電池より大電流を流すことができます。

図 5-4-2　アルカリ乾電池

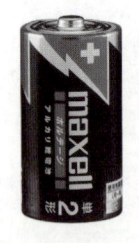

協力：日立マクセル（株）

　アルカリ乾電池は、マンガン乾電池の電解溶液に塩化亜鉛という酸を使用しているのに対して、アルカリを示す水酸化カリウムを使っています。これはかなり強いアルカリ溶液で、腐食性も高いため液漏れやそれに伴う人体や装置への傷害を防ぐ必要上、マンガン乾電池より強固な密封構造をとっています。

　また、アルカリ乾電池はマンガン乾電池に比べて大きな電流を取り出すことができるので電池を短絡させると大電流が流れて電池が発熱し破裂しやすくなります。この事故を防ぐために、アルカリ乾電池はさらに防爆装置をそなえた構造になっています。

　現在、アルカリ乾電池は価格も安くなり、マンガン乾電池を総生産数で上回るようになりました。

図 5-4-3　酸化銀電池

● 酸化銀電池

　酸化銀電池は、安定した電気出力が得られる電池として注目され、1883年に一次電池が発表され、4年後の1887年に二次電池（バッテリー）が発表されました。この電池は、市販化が難しく、売り出されたのは80年後の1961年で、アメリカで口火が切られ日本では1965年から製造されたといわれています。この電池は、正極に酸化銀（酸化第一銀）を用い、負極には亜鉛を使っています。電圧は、1.55Vでした。

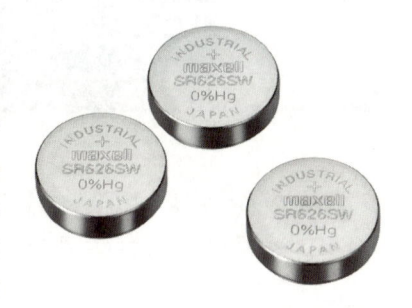

協力：日立マクセル（株）

　酸化銀電池の特徴は、電圧が高い、出力が平坦で安定している、電池容量が大、温度特性が優れている、などがありました。

　この電池は、当時主流であった酸化水銀電池（水銀電池）よりも高性能版という位置付けが強いものでした。酸化水銀電池が環境問題もあって自然と姿を消していったのに対し、酸化銀電池は未だ現役で活躍しています。電卓やラジオ、腕時計用としてこうした電池の需要が増えるに伴って酸化銀電池も安くなっていきましたが、それでもアルカリボタン電池やリチウム電池に比べると高価です。

Column

水銀電池

　酸化銀電池と同じようなジャンルに水銀電池とよばれるものがあります。1942年にアメリカのルーベン（Samuel Ruben：1900 ～ 1988）によって開発されました。水銀電池の特筆すべき大きな特徴は、完全密閉化ができることでした。水銀の持つ特性が水素の発生（分極）を抑える効果があったため完全密閉化ができ、もっとも信頼性の高い乾電池とすることができたのです。水銀電池は、正極活物質に酸化銀、負極活物質に金属亜鉛、その亜鉛に水銀を添加した亜鉛アマルガムを用いていました。アルカリ電解質には、酸化亜鉛を用いて飽和近くまで作用させて、これらのコンビネーションで亜鉛からの水素の発生を抑え、液漏れのない完全な密閉構造とすることが可能になりました。出力は1.35Vでした。水銀電池は、放電すると正極の酸化水銀が還元されて（酸素を奪われて）金属水銀となり内部抵抗が下がるので、酸化銀電池よりも電圧を一定に保ちやすいという特徴がありました。

5・さまざまな電池

5-5 一次電池② リチウム電池

　リチウム電池は、1970年代に軍事目的用として開発されましたが民生用には、日本で初めて携帯電話やノートパソコン用に実用化されました。

●リチウム－三番目の元素、水より軽い金属

　リチウムは、水素、ヘリウムに続く三番目の元素で、もっとも軽い（水よりも軽い）金属であり、活性化の強い金属でもあります。電位は－3.045Vで、金属中もっとも低くイオン化しやすい性質を持っています。水とは激しく反応して水酸化物を作るので、水溶液タイプの電解質は使えず有機物の溶媒を使っています。リチウムの重量当たりの電気容量は、3.83Ah/gと最大で（亜鉛の電気容量は0.81Ah/gであり、4.73倍）潜在的に小型軽量、高電圧出力の電池が作れることを示しています。

　このように、リチウムは潜在的に高いポテンシャルを持っていながらも、長らく製品化にいたらなかった理由は、水を使わずにそれでいて内部抵抗の低い電解質の開発が難しかったことや、外部からの水を遮断するための密封度の高いシール技術が確立されなかったためです。いまでもこの理由から、

図 5-5-1　リチウム電池の製品例

表 5-5-1　リチウム金属の物理的性質

原子量	6.939
密度 (g/cm^3)	0.534
融点 (℃)	180.5
比熱 (25 ℃、cal/g)	0.852
比抵抗 (20 ℃、Ω・cm)	9.35×10^{-6}
硬度 (モース)	0.6

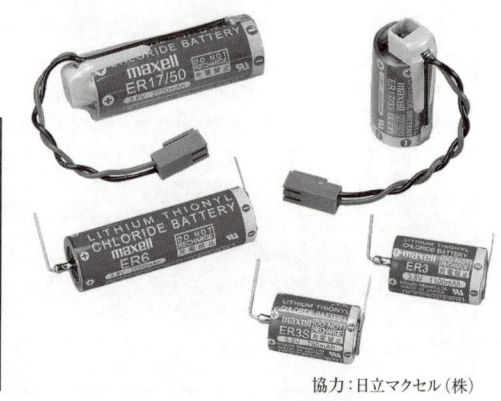

協力：日立マクセル(株)

特に大電流を使用目的とする分野では、内部抵抗が大きく発熱の危険があるリチウム電池は使われていません。2006年から2007年にかけてノートパソコンのバッテリーが火を噴いてパソコンやその周りのものを焼損する事故が報告され、大きな社会問題となったのは記憶に新しいところです。これは、リチウムイオンのエネルギー密度の高さを物語った出来事といえます。

●リチウム電池の特徴

【薄い】

リチウム電池は、薄くできるという特徴を持っています。形状を薄く作ることで、従来の有機溶媒の内部抵抗が高い欠点をカバーできるようになりました。

【出力電圧は3.6V】

リチウム電池は、ほかの乾電池と違って出力電圧が高いのが特徴です。電池一個でほかの電池の2個分の電圧を発生させます。したがって、電池容積を小さくできるのがこの電池の大きな特徴になっています。しかし、最近は、半導体素子のほうでも1.5Vで駆動するLSIが開発されてきているため、正極に酸化銅を用いて出力電圧を1.55Vにしたリチウム電池も開発されています。出力電圧が3.6Vを示すリチウム電池は、電解質と正極活物質に塩化チオニルを使用しています。東芝電池が1983年に発表した「ER6」というリチウム電池は、単三サイズで7Whという電気量を持ち、従来のマンガン電池の70倍（アルカリ乾電池の20倍）の電気量だったと報告されています。

【良好な放電特性（自己放電、出力電圧）】

リチウム電池は、長時間使用しても無駄な自己放電をすることがありません。10年以上使用する機器にも搭載されて十分にその責務をまっとうしています。上記の「ER6」は、使用温度特性がかなり良好で、−50℃～＋85℃でも安定した電気出力を持つといわれています。リチウム電池の発明のおかげで、IC技術をさらに高度に発展させることができ、現在のコンピュータ社会と携帯電話社会になくてはならない存在となっています。コンピュータのバックアップメモリ用の電池として、長期間安定して電圧が供給できるリチウム電池が大活躍しているのです。

5-6 二次電池① 蓄電池の充電方式

我々の生活の中でもっとも馴染みやすい充電式電池といえば、自動車用の電池（鉛蓄電池）、それに携帯電話用の電池（リチウムイオン電池）、また、ハイブリッドカーや電動ドリル、ウォークマン等に使われているニッケル・水素電池を思い浮かべます。

図5-6-1　角形リチウムイオン電池

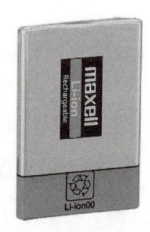

協力：日立マクセル（株）

●蓄電池の充電

鉛蓄電池の充電はどのような方式で行ったらよいのでしょうか。やみくもに電源を端子に接続しても十分な充電ができないばかりか、最悪のケースでは蓄電池が再起不能になるような不測の事態に陥ることも考えられます。一般的に蓄電池には専用の充電器が用意されていて、それを使えば何の手当も必要なく充電を行ってくれます。鉛蓄電池は可逆的な反応ですから、放電と同じ電圧と電流で電気を流してやれば元に戻りそうです。基本的な考え方はこれでよく、充電は放電よりも少し電圧を高くして、つまり、放電しようとする電気的な力より少し強めの電圧をかけて電流を流し、充電満了間際は過充電を防ぐために電流値を

図5-6-2　バッテリーの働き

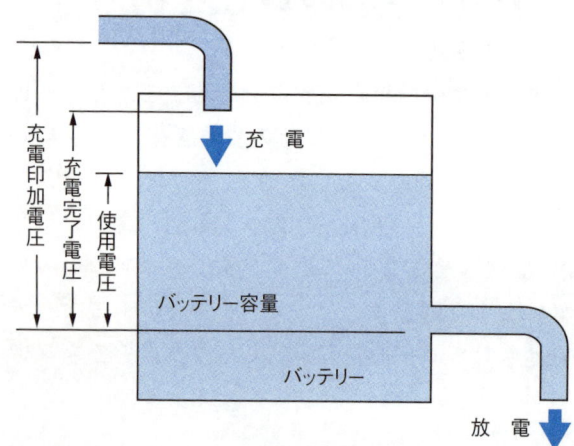

制限します。

　バッテリーの充電の基本は、電極活物質表面積当たりの電流密度を一定に保つという観点から、初期は大電流で、中期、終期と電流を減少させて行うのが原則です。実際の充電は、いろいろな手法がありますが、一般的には、バッテリーの残量（どれだけの電気容量が残っているか）と充電する際の温度によって充電する電流を決めているようです。

　12V 鉛蓄電池を摂氏25度で充電する場合を例にとると、充電電圧14.4V で、表5-6-1の値がバッテリーに流しうる電流値です。また充電する際の電流値は温度によっても変わり、充電電圧14.4V で、容量が50% あるとき、表5-6-2の値が推奨されています。このことは、充電は温度が高いほうが電流を多く流せることを示唆しています。

表 5-6-1　バッテリー残量と充電電流

バッテリー残量	充電電流
50 %	30A
75 %	14A
100 %	2A

表 5-6-2　周辺温度と充電電流

周辺温度	充電電流
50 ℃	35A 以上
25 ℃	30A
−15 ℃	2A

　充電器はこれらの鉛蓄電池の充電特性をもとにいろいろな手法の充電方法が考え出されています。バッテリーがすっかり電気を消費してカラカラの状態であるときは、目一杯の電流を流して（ただし定電流電源回路を用いて）充電を行い、電源容量が回復してきたら徐々に電流を下げていき、満杯になったら2A、もしくはストップさせてしまう方式が取られています。これが急速充電という方式です。これらの充電器は価格が高価であるため、初めから2A で流す充電器もあります。この手法は、バッテリーの充電容量をチェックする必要がなくずっと流しておけるため充電器が安価にできます。8時間程度の充電が必要な充電器はこのタイプです。

●フロート充電（浮動充電）とトリクル充電（補償充電）

　フロート充電は、バッテリーと負荷が並列に接続されていて通常は充電器からの電源で負荷をまかない、充電器からでは足りない負荷のとき（電流を必要とするとき）にバッテリーから電気を負荷側に補充して、そのあと不足分を充電器から充電する方式をいいます。この方式はバッテリーが充電回路に附属しているようなかたちで接続され、回路上「浮き上がった」ような状態になっていることから「フロート充電（浮動充電）」とよばれています。

　トリクル充電のTrickleとはぽたりぽたりと水が滴り落ちるとかチョロチョロと水が流れるという意味で、このような状況でバッテリーを充電する方式です。バッテリーは常時負荷にはつながれておらず、少しずつ断続的に充電されるものです。

図5-6-3　フロート充電とトリクル充電のしくみ

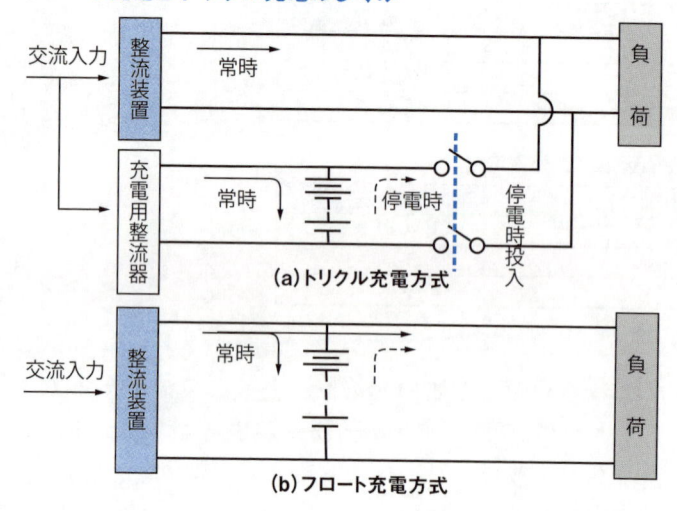

(a)トリクル充電方式

(b)フロート充電方式

資料提供：NTTファシリティーズ総研
<http://www.ntt-fsoken.co.jp/research/pdf/1999_ichi.pdf>

●急速充電

　急速充電が行える身近なバッテリーは、シール型の鉛蓄電池とニッケル・カドミウム蓄電池です。おおよそ1時間で充電することを急速充電といっています。急速充電をする方法には表5-6-3にあげた方法があります。いずれも

バッテリーの充電容量を細かくチェックしながら、必要十分な電流を制御して送り込むことを基本としています。

表 5-6-3　急速充電の方式

方　式	説　明
定電圧充電方式	一定の電圧をバッテリーに印加して、バッテリーの持つ電圧との差を利用して充電電流を自動的に加減する方法。
電流低減方式	充電完了間際になる充電末期の電圧を検出したら、充電電流を次第に減らしていく方式。「Vテーパー方式」ともよばれている。電池の中のガス発生を抑え、効率よく充電できる特徴がある。
$-\Delta V$（マイナスデルタV）方式	ニッケル・カドミウム電池では、充電の終わりに電池電圧がピークに達した後に下がる降下電圧（これをマイナスデルタVとよぶ）を検出して充電を終了させる方式。ポータブル電気製品のニッケル・カドミウム電池の充電に採用されている。
温度検出方式	ニッケル・カドミウム電池で、過充電になったとき発生する酸素を負極（カドミウム）が吸収するときに生ずる化学反応熱の温度上昇を利用するもので、一定温度で働く温度センサを用いる。
ガスセンサ方式	複数のセルで構成されているニッケル・カドミウム電池群のうちのひとつのセルに酸素ガスセンサを埋め込み、充電の終わり（90%）に発生する酸素をキャッチして充電電流をコントロールする方式。
パルス充電方式	ジョグル（揺さぶり）充電方式ともよばれ、パルス状に電流を流して充電を行い、充電が完了する間際にはその充電パルス間隔を長くする方式。過充電を避けられるため鉛蓄電池によく利用される。
クーロメーター方式	クーロメーター（クーロンメーター）とは電量計のことで、電池に充電した電気量（クーロンまたはアンペア・アワー）を測るもの。クーロメーターは、両極がカドミウムを使った特殊な電池であり、容量だけがたまるもの。このクーロメーターを充電する電池に直列に挿入し充電を行うと、充電の終わりや放電の終わりに急に電圧変化を起こして1.5V程度になる。この変化をキャッチして電流をコントロールする。

5-7 二次電池② 鉛蓄電池

●鉛蓄電池の概要

鉛蓄電池は、正極、負極ともに鉛を用いています。電解液は硫酸で活物質は硫酸鉛です。鉛と硫酸鉛の化学反応が可逆的で、電気を通せば（充電すれば）、正極は酸化鉛、負極は鉛となり、放電すれば正極、負極ともに硫酸鉛となります。その関係を化学式で表すと図5-7-1のようになります。

●鉛蓄電池の長所と短所

鉛蓄電池の長所は、自動車用のバッテリーをはじめ、緊急発電用の無停電用電源として長年使われている実績から、安価で安定していることがあげられます。出力電圧が1セル当たり2Vと比較的高く、セルを組み合わせていけば12Vや24Vなどの高電圧も容易に作り出せます。電気容量も容積を大きくすれば十分な容量が確保できます。

鉛蓄電池の欠点は、鉛と硫酸を使っていることから容積が大きくて重く、管理がやっかいなことです。リサイクル処理が整っているので廃棄処理上の問題は少ないものの、使用時に硫酸溶液を使うので溶液漏れを十分に注意しなければなりません。また、自己放電しやすいので、長期間使用していないとバッテリーが低下して十分に機能しないおそれがあります。常時充電と放電をほどよくこなす電気設計をする必要があります。また、鉛蓄電池は、構造上充電を繰り返していくと水がなくなり硫酸溶液の濃度が上がるため、必要に応じて水を補給する必要があります。したがって、完全にメンテナンスフリーとはならないため、定期的なチェックが必要です。

●密閉型鉛蓄電池

逆さにしても自由に使え（ポジションフリー）、かつ、水の補給のいらない（メンテナンスフリーな）鉛蓄電池として負極吸収式の完全密閉型（シール型）があります。希硫酸の流動化を防ぐために、電極の間をガラス繊維で作っ

た不織布を使ってマット状のセパレータを作り、これに希硫酸を染みこませる方式（リテーナー方式）で硫酸をしっかりと固着化させています。ガス発生を抑える方式としては、ニッケル・カドミウム蓄電池と同じ方式を採用しました。つまり、正極より負極の活物質の量を多めにしておき、先に正極で酸素を発生しやすくしておきます。密閉された容器内では、先に発生した酸素ガスがセパレータを介して負極に拡散されて吸収されます。吸収という意味は、正極で発生した酸素分子が負極に渡って電子を受けてOHイオンになることです。こうしてガスの発生が抑えられます。この負極吸収式の完全密閉化は、1948年にフランスのノイマン（Neumann）によって提案されニッケル・カドミウム蓄電池の実用化に応用されました。

> 鉛蓄電池は、充放電を繰り返してもメモリー効果がないという特徴も持っている。

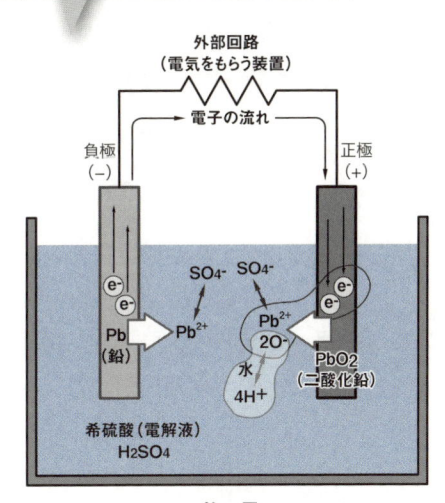

図 5-7-1　鉛蓄電池の充電・放電

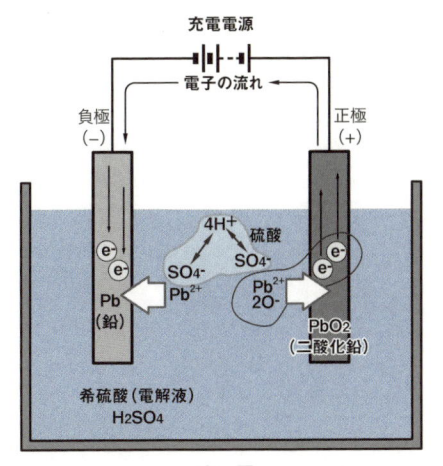

	充電	放電
正極反応	$PbO_2 + 4H^+ + SO_4^{2-} + 2e^-$	$PbSO_4 + 2H_2O$
負極反応	$Pb + SO_4^{2-}$	$PbSO_4 + 2e^-$
全体反応	$PbO_2 + Pb + 2H_2SO_4$	$2PbSO_4 + 2H_2O$

5-8 二次電池③
ニッケル・カドミウム電池

●ニッケル・カドミウム電池開発の歴史

鉛蓄電池が電解液に硫酸を使っているのに対し、ニッケル・カドミウム電池は水酸化カリウム（または水酸化ナトリウム）のアルカリ性水溶液を使っています。1960年代後半から国産化が進み、家庭用の二次電池として急速に普及していきました。

ニッケル・カドミウム電池の大きな特徴は、完全放電しても回復が可能である点でした。このほか、作りが堅牢、効率よく充放電ができる、使用期間が長く長寿命という特徴があります。反面、以下の短所も持ち合わせています。

- 鉛蓄電池に比べて原材料が高価
- 使わないと電池が放電しやすい（自己放電大）
- メモリー効果がある

ニッケル・カドミウム電池は、負極にカドミウム、正極にオキシ水酸化ニッケルを使用して、以下の可逆化学反応を行っています。

負極：カドミウム　←→　水酸化カドミウム
正極：オキシ水酸化ニッケル　←→　水酸化ニッケル

鉛蓄電池は、希硫酸が積極的に関与する反応によって濃度が変化しますが、ニッケル・カドミウム電池では生成物を作らないので使用による変化はありません。公称電圧は、1.2V、理論エネルギー密度は、209Wh/kgです。化学反応式は図5-8-1の通りです。

●メモリー効果

ニッケル・カドミウム電池の欠点のひとつに「メモリー効果」があります。

これは電池の容量が見かけ上少なくなってバッテリー電圧がすぐに落ちてしまい、購入したときの性能が出ない現象です。この現象は、電池を少ししか使わず（全容量の4分の1程度）、その間で充・放電を繰り返すと起きます。通常は、充電完了から終止電圧までほぼ一定の電圧で推移し、容量がなくなってくるにしたがい徐々に電圧が降下するのが普通ですが、メモリー効果を生じると普段使っていた容量近辺で電圧が落ち、そのままの電圧でしか放電を行なわなくなるものです。

　こうしたメモリー効果を出さないためには、電池を半年に1回、放電して空っぽにしてから充電し「リフレッシュ」してやれば回復します。ニッケル・カドミウム電池を使わないときはむしろ電気を空っぽにして放電しきっておくほうがメモリー効果を防ぐことができます。鉛蓄電池では完全放電は御法度ですが、ニッケル・カドミウム電池にとっては問題ありません。ちなみに鉛蓄電池にはメモリー効果はありません。

> ニッケルカドミウム電池は、充放電を繰り返すとメモリー効果があるという欠点を持っている。

図 5-8-1　ニッケル・カドミウム電池の充電・放電

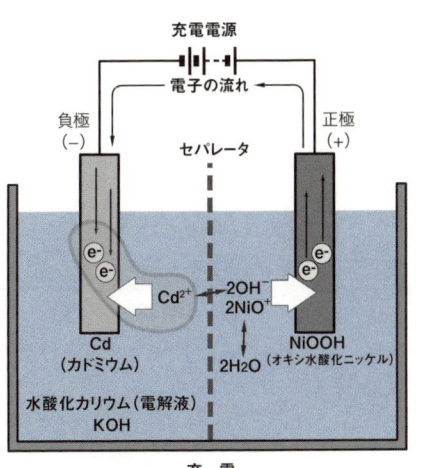

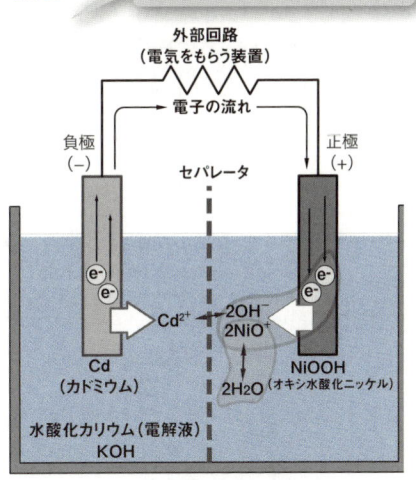

	充電	放電
正極反応	$NiOOH + H_2O + e^-$	$Ni(OH)_2 + OH^-$
負極反応	$Cd + 2OH^-$	$Cd(OH)_2 + 2e^-$
全体反応	$2NiOOH + Cd + 2H_2O$	$Ni(OH)_2 + Cd(OH)_2$

5-9 二次電池④ ニッケル・水素電池

●ニッケル・水素電池の特徴

　ニッケル・水素電池（Nickel Metal Hydride Battery）は、コンピュータの普及に伴って脚光を浴びた二次電池です。ノートパソコンタイプのバッテリーや、ハイブリッドカーで一躍その名を馳せました。

　ニッケル・水素電池は、充放電の繰り返しが安定しています。従来のニッケル・カドミウム電池が充放電を繰り返すとメモリー効果によって消耗してしまう欠点を持っていたため、その欠点がなく容量も大きくて長持ちできるニッケル・水素電池が注目されました。ノート型PCのCPUが高性能化し、液晶モニターもカラー化、大型化し消費電力も大きくなったのに、使用時間が2時間程度確保できました。

　1990年代、バッテリーは、結構高価でした。当時、ノートブック用のニッケル・水素電池が15,000円ほどしました。それが、1年くらいでダメになるのでかなり痛手だったのを記憶しています。パソコン用のバッテリーは、2000年を境にリチウムイオン電池に移行していきました。

図 5-9-1　ニッケル・水素電池の構造と製品例

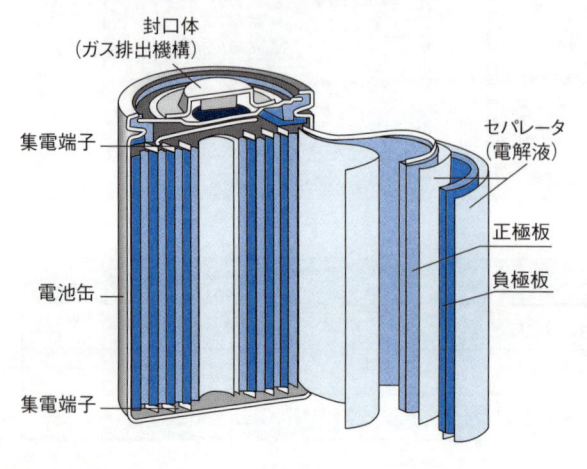

出典：FDK（株）ホームページ

●ニッケル・水素電池の原理

　化学反応によって電気を得る電池の問題点は、すべて「分極」とよばれる電極に現れる水素ガスとの葛藤の歴史であることがここまでで理解できたかと思います。ニッケル・水素電池は、負極にあらかじめ水素をたくさん蓄えておいて、必要に応じて電解質中に放出し、必要がなくなれば再び貯蔵するというしくみを持ったものです。この電池の反応は、究極の媒体である水素を使っているので、直接的です。この電池は、最終的には、いかに効率よく水素を蓄えられる水素貯蔵合金を開発するかにかかっているようです。

　放電時、水素吸蔵合金負極に吸蔵されている水素が水素イオンとなって（同時に電子を放出し）正極に達し、オキシ二酸化ニッケル（NiOOH）と反応して（電子を受けて）水酸化ニッケル（$Ni(OH)_2$）となります。充電時は、負極に電子を受けて再び水素を取り込み、正極では水酸化ニッケルがオキシ二酸化ニッケルに変わります。正極反応はニッケル・カドミウム電池と同じ反応であり、公称出力は1.2Vです。

図5-9-2　ニッケル・水素電池の充電・放電

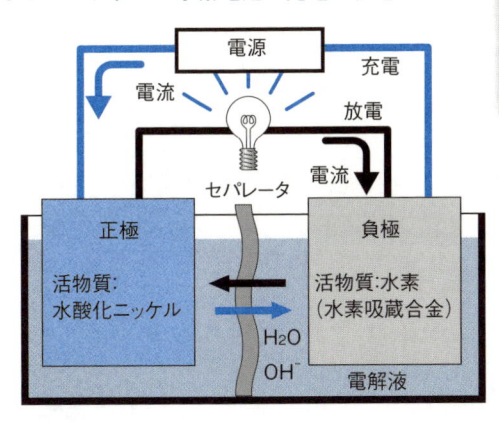

> ニッケル・カドミウム電池と同様にメモリー効果があるが、1Vになるまでの深い放電を繰り返すことで解消させることができる。

出典：FDK（株）ホームページ

	充　電	放　電
正極反応	$NiOOH + H_2O + e^-$	$Ni(OH)_2 + OH^-$
負極反応	$MH + OH^-$	$M + H_2O$
全体反応	$NiOOH + MH$	$Ni(OH)_2 + M$

5-10 二次電池⑤ リチウムイオン電池

●リチウムイオン電池の概要

　リチウムイオン電池は、携帯電話用のバッテリーとして急速に需要を伸ばしている二次電池です。最近は、携帯電話用のみならずノートパソコン用のバッテリー、デジカメ用電池として幅広く使われています。比較的高価であるにも関わらず、このバッテリーが採用されているのは、リチウム電池固有の安定した電気出力と、放電特性がよく自己放電が少ないこと、エネルギー密度が高いので小型コンパクトに設計できること、そして、3.6Vという高い放電電圧を有する特徴を持っているためです。

　リチウム電池は、先にも述べたように1970年代に実用化されました。これを二次電池として応用する試みがなされてきましたが、負極の再充電時の問題点がネックとなり、10年以上を経た1981年に開発されました。リチウムイオン電池の化学式を図5-10-2に示します。

　リチウム一次電池は、負極に金属リチウムそのものを使っていますが、充電を可能とする二次電池では金属リチウムをそのまま利用することはできません。リチウムは、放電することによって電解液中にイオンとなって溶け出し、充電時に金属リチウムに戻るとき、デンドライト（樹枝状結晶）が析出し、内部短絡のおそれがあるからです。この現象が起きると電池がショートし、電池の寿命を著し

図5-10-1　リチウムイオン電池の構造とモジュール

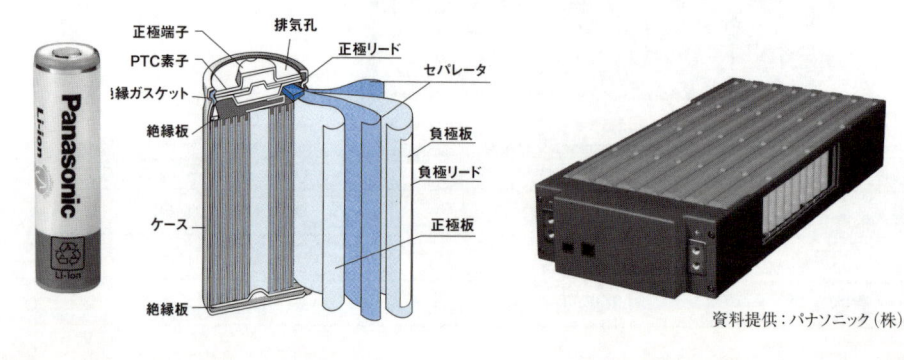

資料提供：パナソニック（株）

く短くしてしまいます。そこで、この問題を解決するためにいろいろな合金が試されてきました。結論的には、リチウムの反応や電気容量を抑えるような合金しか当面の問題を解決するものがなく、それを使って実用化に十分に耐えられることを確認して市販化がなされました。負極材料としては、当初、LiAl 合金、ウッド合金（この場合、電圧が50mV 低下した）が用いられていました。

●リチウムイオン電池の今後

　リチウムイオン電池は、寿命、耐久性、安全性などまだまだ解決しなければならない問題も多いといわれています。しかしながら、それでも近年このタイプの電池を使う機器が増えていることは、この電池の持つ潜在能力がほかの蓄電池とはかけ離れて優れていることを物語っています。

　リチウムイオン電池は、新しい電池であり日々進化を遂げています。イオンによる電気伝導を担う材料として固体高分子電解質材料の開発が進むと、形状が自由にできるので大型化、大容量化、薄型化が可能になります。

図 5-10-2　リチウムイオン電池の充電・放電

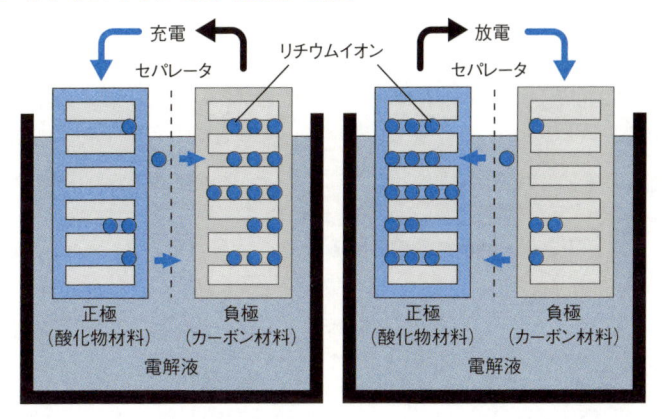

	充電	放電
正極反応	$CoO_2 + Li^+ + e^-$	$LiCoO_2$
負極反応	LiC_6	$Li^+ + e^- + C_6$
全体反応	$CoO_2 + LiC_6$	$LiCoO_2 + C_6$

5-11 ナトリウム・硫黄電池とバックアップ蓄電システム

　ナトリウム・硫黄電池は、鉛蓄電池の約3倍のエネルギー密度があるので大規模な電力貯蔵システム向けに作られており、昼夜の電力使用量平準化などの用途に使われています。また、短時間で充電・放電が可能なのでマイクログリット（小規模なエネルギー・ネットワーク）内での電力需要のバランスをとる用途にも使われます。ナトリウム・硫黄電池は「NAS」と東京電力が商標登録しているのでNAS電池ともよばれています。

●ナトリウム・硫黄電池の放電と充電のしくみと単電池の構造

　ナトリウム・硫黄電池の単電池には負極には液体ナトリウムが、正極には液体硫黄が使われており、両者を固体電解質となるベータアルミナで仕切っています。ナトリウムと硫黄を液体状態に保つ300℃付近の作動領域にするために運転開始時はヒータにより加熱し、その後は放電時に発生する熱で保温しています。

【放電時の動作】
　ナトリウムがナトリウムイオンと電子にわかれて、電子は負極から負荷を通って正極に移動して放電します。ナトリウムイオンはベータアルミナ（電

図5-11-1　ナトリウム・硫黄電池のしくみ

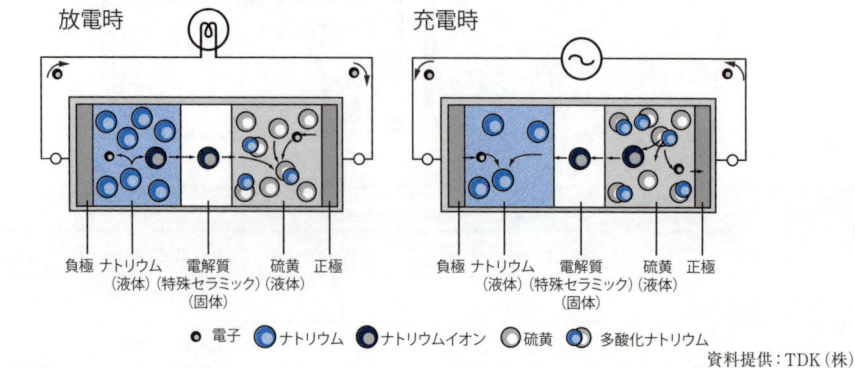

資料提供：TDK（株）

解質)を通って正極側へ移動します。移動したナトリウムイオンは、硫黄と電子と反応して多硫化ナトリウムになります。

【充電時の動作】

多硫化ナトリウムがナトリウムイオン、硫黄、電子にわかれます。ナトリウムイオンはベータアルミナを通って負極側へ移動します。ナトリウムイオンは電子を受け取るとナトリウムに戻り、充電が完了します。

●ナトリウム・硫黄電池モジュールの構造

ナトリウム・硫黄電池は300℃付近の高温で作動する電池なので起電力が2V前後の単電池を断熱容器の中に多数格納したモジュール構造にして使用しています。単電池の固定に当たっては、砂を充填し、固化しているのである単電池が故障しても他の単電池に波及しない防災構造になっています。また、過電流防止のためにヒューズをモジュールに組み込んで安全を確保しています。

図5-11-2　単電池／モジュール電池の構造

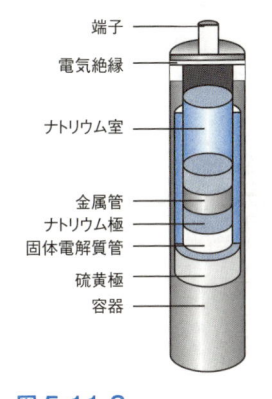

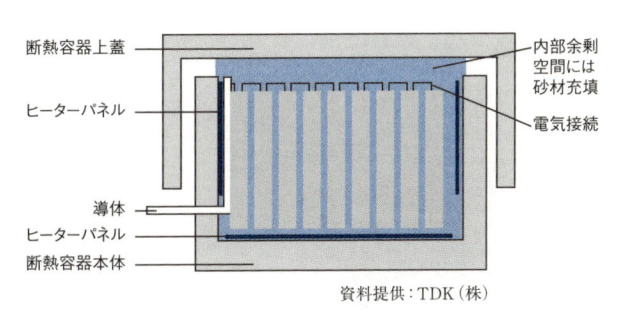

資料提供：TDK(株)

図5-11-3　工場に設置されたNAS電池

写真提供：日本ガイシ(株)

●バックアップ蓄電システム

　鉛蓄電池にかわって大容量のリチウムイオン電池とインバータを採用して大きさと重量を3分の1から4分の1と大幅に小型軽量化した製品が開発されています。これは、災害発生などの停電時にパソコンや電話を数時間動作させることのできる蓄電システムとして製品化され、大型家電販売店で販売されています。当初はオフィスなど業務用を想定して製品化されましたが家庭でも購入するところが増えています。バックアップできる時間が、従来使われていたUPS電源が分単位であったのに比べると時間単位へと大幅にのびています。価格は使われている蓄電池の種類や容量の大小により異なります。価格も5～500万円と大きな幅があります。また、太陽電池パネルをつないで充電する機能を有する製品もあります。安価な製品には交流の出力波形の品質が悪く、パソコンなどには使えないものもあるので注意が必要です。

図5-11-3
大型リチウムイオン蓄電池「パワーイレ」

写真提供：エリーパワー（株）

図5-11-4
Acrostar LPSi1000-180 1kVA 交流無停電電源装置

写真提供：（株）GSユアサ

第6章

動力、光、熱への利用

1章で記したように、電気はいろいろなエネルギーに姿を変えて
私たちの日常生活を支えています。
運動エネルギーとなってモータに、光エネルギーとなって光源に、
熱エネルギーとなって冷暖房機器や調理器具に。
ここではそんな電気の百面相を学びます。

6-1 電気を動力へ① モータと発電機

●偶然が生んだモータ

　モータと発電機は、どちらが先に発明されたのでしょうか？答えは発電機（ジェネレータ）が先でした。1800年代前半の電源は、全てボルタの電池に依存していたので、長期間安定して供給のできる電源を求める声が高く、発電機が待ち望まれていたからです。電磁誘導の発見から、電磁気学に携わる科学者たちの興味は、いかに電気を起こすかという一点に絞られるようになり、発電機の発明競争になったといっても過言ではありません。

　一方、電動機（モータ）は、1873年に誕生します。次のような偶然の発見だったといわれています。この年、ウィーンでは万国博が開かれ、この会場にグラム（ベルギーの職人：精緻な技術で小型高出力発電機を発明した人物）の直流発電機が数台陳列されていました。運転中の発電機の両極を連結しようとして、

図6-1-1　回生ブレーキのしくみ

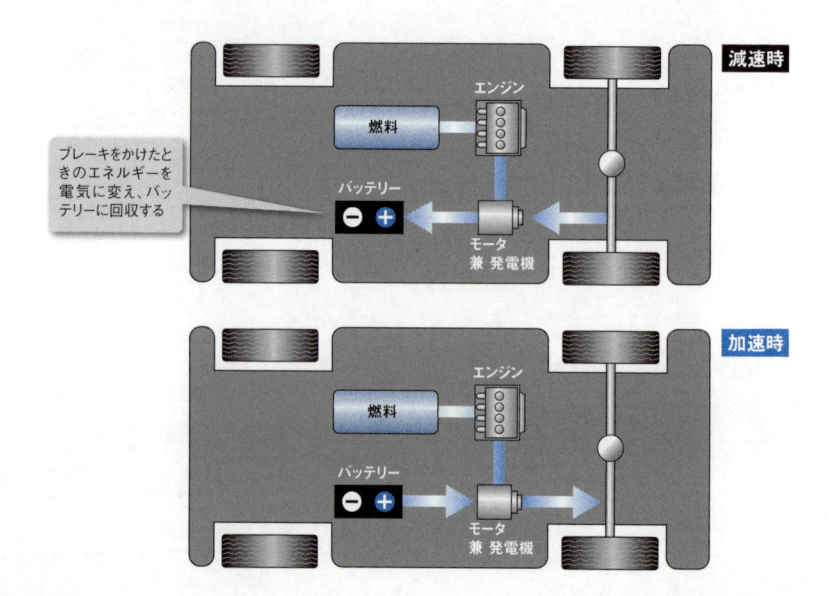

図6-1-2　三相交流発電動機のしくみ

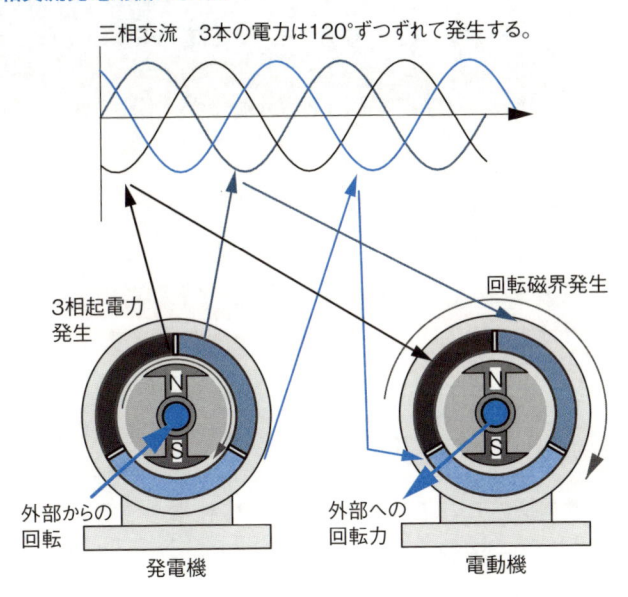

誤ってほかの発電機の極につなげたところ、その発電機が突然、反対の方向に回転しはじめてしまいました。このハプニングによって、グラムの発電機は、電流を流すと電動機として利用でき、しかもそれは発電機と同じように製作できることが明らかになりました。現在では、この原理を電気自動車やハイブリッドカーに使われている電気モータに、ブレーキをかけるときには発電をさせて使用しています。電車でも停車用のブレーキにモータを使って「回生ブレーキ」として使用しています（図6-1-1）。

●三相交流発電機・電動機

　120°ずれて同一円上3方向に配置された固定子のコイルの中で永久磁石の回転子を回転させると各コイルからは120°位相のずれた正弦波電流がフレミングの右手の法則（36ページ参照）にしたがって発生します。これが三相交流発電機のしくみです。

　また120°ずれて同一円上に配置された固定子に120°位相のずれた交流を流すとフレミングの左手の法則にしたがって永久磁石の回転子は回転します。これが三相交流電動機のしくみです。

6-2 電気を動力へ② モータの原理

　モータは、電磁作用を利用した回転運動を行う動力です。私たちの身の周りにはたくさんのモータが使われています。洗濯機や掃除機、扇風機や電気カミソリ、CDやDVD装置、ミキサーなど数え上げればきりがありません。冷蔵庫やエアコンにはもっともパワフルで電気を消費するモータが入っています。モータと直結したコンプレッサーによって熱交換を行っているのです。

●多様なモータ

　基本的に、電動機（モータ）は外部に対して仕事をするわけですから、電気エネルギーをたくさん消費するモータは威力が強いといえます。つまり、電流をたくさん流して高い電圧で回転するモータのほうが、回転力が強くて回転数も上がり馬力が大きいといえます。また、DC（直流）モータの多くは永久磁石を使っています（図6-2-1）。永久磁石の磁力が強いものほど強い回転力を持ちます。必然的に磁力の強い磁石に打ち勝って回らなければならないので、たくさんの電流を流さなくてはなりません。したがって、その材質も、アルミよりも鉄、鉄よりも磁石、それもサナリウム・コバルト磁石が強い磁力を持ちます。

　新幹線などの列車に使われる電気モータは強い回転力と高速回転が要求され、歯医者で使う歯科ドリルのモータは超高速回転が、そしてCDやDVDプレーヤに使われるモータは低速で極めて安定した回転が要求されます。

●モータの基本部品

　モータの基本部品は、シャフトとそれに付けられた回転子（ロータ）、それにハウジングに取り付けられた固定子（ステータ）から成り立っています。図6-2-1に示したDCモータでは、コミュテータを通じて回転子のコイルに電流が流れると、コイルに磁界が発生しモータの外側に取り付けられた固定子の永久磁石の磁界による相互作用で、反発と誘引により回転子が回るようになります。ロー

図6-2-1 DCモータの基本構造

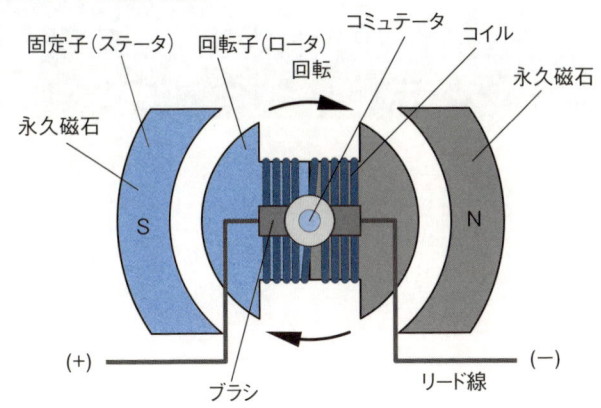

タとステータには永久磁石かコイルによる巻き線が設けられています。両者の組合せは多岐にわたりいろいろなタイプのものが考案されています。モータが回転すると、モータ内部には非常に興味深い現象が起きます。モータが回り始めると、その回転にしたがってモータが発電を始めるのです（図6-2-2参照）。

図6-2-2 DCモータの駆動と発電

電源電圧が一定なら、回転数が増加するにつれて発電電圧が上昇していくのでDCモータのコイルにかかる電圧は下降していき、電流の値も減少するので発生トルクも減っていく。電源電圧をV1、発電電圧をV2、DCモータのコイルの電圧をV3とするとV3＝V1－V2となる。

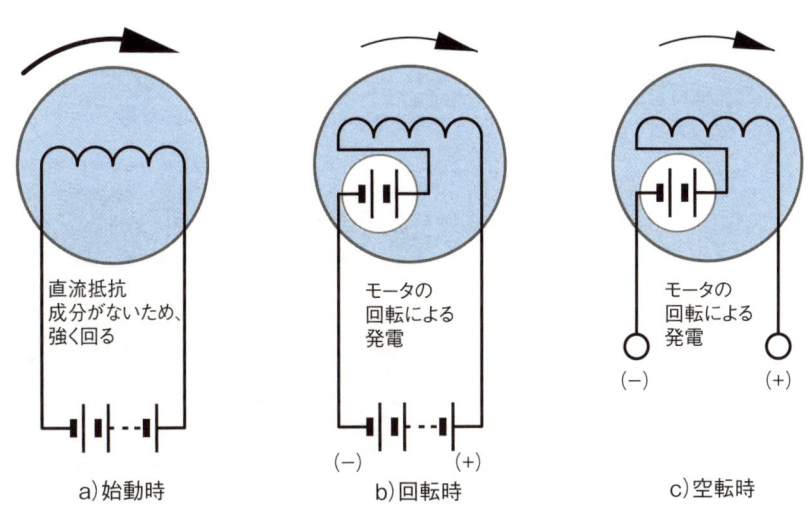

a) 始動時　　b) 回転時　　c) 空転時

6・動力、光、熱への利用

6-3 電気を動力へ③ 逆起電力・効率

　モータが回転すると内部で発電が行われます。モータによって発生する起電力が異なりますので効率特性も変わります。その違いを解説します。

●逆起電力

　モータの面白い側面として「モータは回りながら発電している」という事実があります。モータと発電機は同じもので、発電機に電気を流すとモータと同じく回転し、モータに力を加えて回転させると発電します。そのモータは、電気を加えると回転を始めますが、実は同時に発電もしているのです。このことを「逆起電力」といっています。つまり、モータに加える電力とモータが発電する電力の引き算した値がモータの外部出力となっているのです。

　モータに電流を流して回転させて電流を切ると、モータは回り続けますが電極の両端には回転数にあった電圧が起きています（図6-2-2参照）。両極に電球を接続すれば電球は光ります。また抵抗を接続すれば電気が流れて抵抗が熱くなります。抵抗値が低い場合はたくさんの電流が抵抗に流れ込みますので、回転中のモータにはブレーキがかかったように急速に回転数が下がります。モータの回転エネルギーが電気エネルギーに変わったのです。電気機関車やハイブリッドカーはブレーキをかけるときは、まさに今述べたようなことを行っています。ただ、抵抗で電気エネルギーを吸収させるのは芸がないので、変電設備に戻したりバッテリーに戻しています。これを「回生ブレーキ」とよんでいます（122ページ参照）。また、騒音を低減するために少しブレーキをかけ気味にする制御にも回生

図6-3-1　回生中の運転台計器

写真提供：山内　祐

が使われています。図6-3-1の電気機関車運転台の計器では右の速度計がほぼ時速110kmの走行を示し、左の電流計は30A程度の回生ブレーキをかけて回生運転が行われている状態を示しています。

●モータの消費電力と効率

モータの消費電力は、実際に外部に対して仕事をした代価である電力とモータ内部で消費した損失の足し算となります。モータ内部の損失は、軸受けのガタであったり電機子などの電流抵抗による損失が主なもので、これらは最終的には熱となってモータを加熱させます。モータの消費する電力と、モータ損失を除いた機械出力の比を効率（η：エータ）とよんでいます。

モータの効率（η） ＝ 機械出力 / モータの消費する電力

モータ効率はDC（直流）モータよりAC（交流）モータのほうが総じてよく、DCモータで60～70%、ACモータで80～90%となっています。モータを長時間使うときは、損失による発熱を考慮したモータの冷却措置を取る必要があります。図6-3-2の効率特性を示す曲線からAC同期モータは出力が高くなるにつれて、他のモータより効率がよくなっていくことが読み取れます。一方、DCブラシレスモータでは、出力が低いときにはほかのモータに比べて効率がよいことがわかります。

図6-3-2 各種モータの出力特性

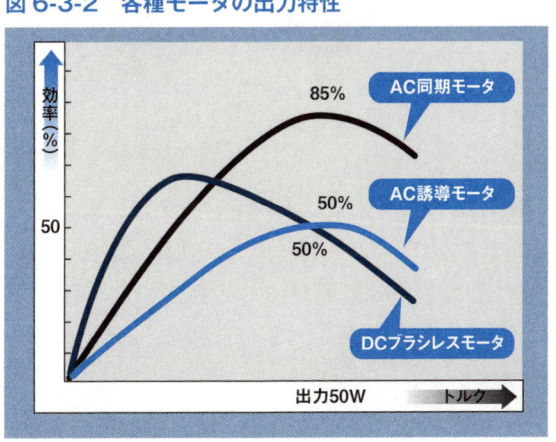

※AC同期モータ
直流からインバータで作り出された交流（AC）の周波数に同期して回転するモータ
※DCブラシレスモータ
整流子が切り替わる位置をセンサで検出して電流の方向を切り替えて回転するブラシのない直流（DC）モータ

出典：(有) ケイ・アールアンドディホームページ

6-4 電気を動力へ④
いろいろなモータ

●モータの分類

図6-4-1にモータの種類を示します。モータは、基本的には直流で動くものと交流で動くタイプの2種類です。

図6-4-1 モータの分類

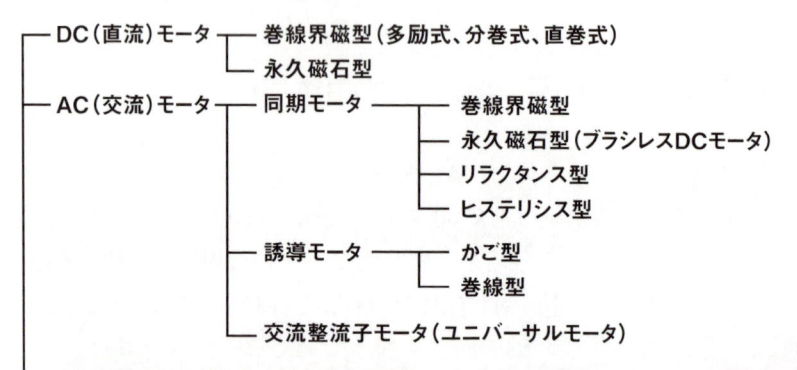

```
─ DC（直流）モータ ─┬─ 巻線界磁型（多励式、分巻式、直巻式）
                   └─ 永久磁石型
─ AC（交流）モータ ─┬─ 同期モータ ─┬─ 巻線界磁型
                   │              ├─ 永久磁石型（ブラシレスDCモータ）
                   │              ├─ リラクタンス型
                   │              └─ ヒステリシス型
                   ├─ 誘導モータ ─┬─ かご型
                   │              └─ 巻線型
                   └─ 交流整流子モータ（ユニバーサルモータ）
─ ステッピングモータ（VR型、PM型、HB型）
```

| 同期モータ | DCブラシ付きモータ | ステッピングモータ | サーボモータ |

図版：WEBサイト「磁石の小部屋」より

DCモータは、電圧によって回転数が変わります、ACモータは、使用する電源の周波数で回転数が変わります（図6-4-2）。直流モータは始動するときに抵抗成分がほとんどないので、たくさんの電流を流すことができ、強いトルクを得ることができます。そうした意味で重たいものを移動させるときには、DCモータの方が威力を発揮します。

128

● AC サーボモータ

　昨今の主流としてある程度の出力と回転数が望まれるモータにはACサーボモータが使われ出しています。AC サーボモータは従来の DC モータのよさと AC モータのよさを兼ね備えたものということができます。DC モータは、整流ブラシが必要で、この保守が煩わしいという欠点はあるものの始動時のトルクが大きく高速回転ができる特徴がありました。AC モータは、回転数が交流電源周波数に依存するため高速回転には向かず始動の際のトルクが弱いという欠点があるものの、構造が簡単で保守が容易という利点がありました。電子制御技術が進んで任意の周波数で AC モータを回すことができるようになると DC モータと AC モータのよいところを取り入れたモータが作れるようになりました。これが AC サーボモータです。AC サーボモータは、これを制御する周波数可変制御装置の開発で実用化のメドがたちました。

図 6-4-2　パルス制御の AC モータの動作

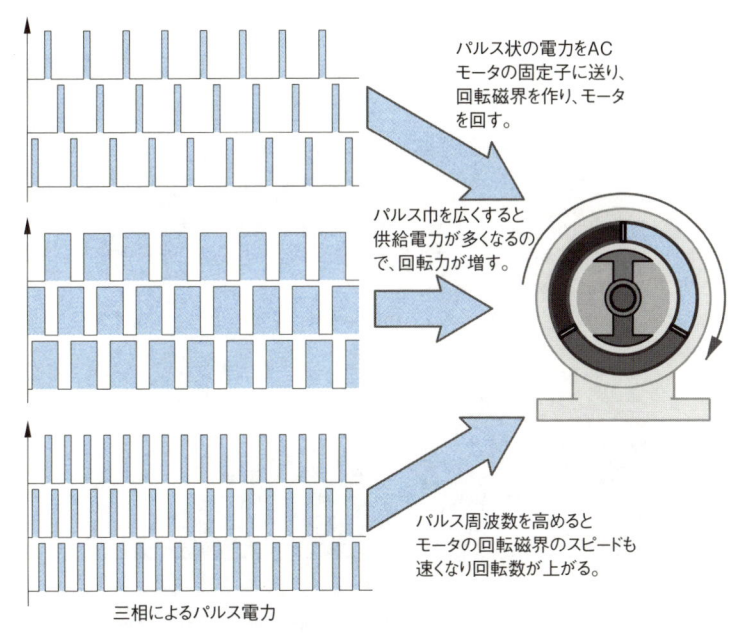

パルス状の電力をAC モータの固定子に送り、回転磁界を作り、モータを回す。

パルス巾を広くすると供給電力が多くなるので、回転力が増す。

パルス周波数を高めるとモータの回転磁界のスピードも速くなり回転数が上がる。

三相によるパルス電力

Column
電気機関車のモータ

●直流電化と交流電化

　日本の鉄道の電化は、1,500Vの直流電化で始まりました。発電所から交流を受けて、変電設備によって線路の電化区間を直流に直して直流モータで機関車を走らせました。その後、時代とともに交流電化も取り入れられていきました。交流の利点は、送電電圧を比較的楽に変えられるため、電力ロスが少なくてすむことです。この利点を生かして、鉄道架線には高圧交流を送電し、パンタグラフで交流を集電します。集電した交流を、機関車内部に設置した変電設備で希望する電圧に落とし、かつ整流して直流としてモータに加えました。

　日本では、直流と交流双方を目的別に分けて設備しました。東海道本線のような多量の車両が走る区間は、機関車が簡単な構造の（変電設備を機関車に持たない）直流電化を採用し、走る車両の数が中程度と想定された東北、北陸、鹿児島本線級の区間は交流電化としました。さらに支線のようにわずかの車両しか走らない区間では、電化の設備が運営に見合わないためディーゼル機関車としました。

　しかし、現実には複雑な電化のために、いろいろなしわ寄せが機関車や電車につきまとうことになりました。たとえば、本州の下関までは直流機関車で走れるのに、関門トンネルを越えると門司からは交流電気機関車でないと走れなくなります。同じように上野から出発した常磐線は、取手から交流電化となるため、こうした区間では交直両用電気機関車が使われました。

図6-A　交直両用機関車　JR EH500

写真提供：千葉　守

●新幹線のモータ

　日本の幹線区間では、直流電化がなされていたのに、東海道新幹線を開通するに当たっては交流電化が採用されました。その理由は、新幹線は高速で走るためパンタグラフと架線の消耗を少なくする必要から高圧送電とし、取り込む電流を少なくする必要があったためです。高電圧、小電流の必要上から新幹線には25,000VACの電化がなされ、電車内部で直流に直し直流モータで運転されました。

　新幹線の直流モータは、0系列車に採用されていましたが、300系の「のぞみ」からは交流誘導モータに変わりました。これは、モータに加える周波数や電圧を自由に変えられる技術、VVVF（Varialbe Voltage and Variable Frequency、可変電圧可変周波数制御）を採用して、直流モータの問題であった保守の手間と大消費電力を解消するのがねらいでした。

　新幹線N700系（のぞみ車両）には、305kW出力の主電動機モータが56基搭載されています。モータの総出力は、17.08MWとなります。「のぞみ」に供給する電力は当然それよりも多く必要としますから、効率80%とするとモータの消費する電力は25%増しの21.35MWとなります。これは、100万kW級の火力発電所の最大パワーの21.35%に当たります。10台の新幹線が一斉に動いたら、100万kWの火力発電所に相当な負担がかかる電気量です。東京には、新幹線のみならず鉄道がたくさん走っており、これらの交通機関が使用する電気は、かなりの量にのぼることが想像できます。

図6-B　新幹線N700系

6-5 電気を光へ① 白熱電球

●タングステンランプ

　タングステンランプは、白熱電球の代表的なものです。この名前の由来は、発熱体（フィラメント）材料としてタングステンが使われたからです。タングステンは、高温に耐えて可視域の発光効率が高く、かつ適当な電気抵抗を持つ発熱発光体としては申し分ないものでした。このタングステンフィラメントランプを発明したのは、エジソンの後継会社であるGE（General Electric）社で1910年のことです。

　タングステンランプは、消費電力10～1,000W程度のものが一般的です。家庭用の照明装置は、特に日本では20Wから30Wの蛍光灯にその座を奪われており、近年は白熱電球のかたちをした蛍光電球やLED電球が台頭して

図6-5-1　タングステン電球の構造

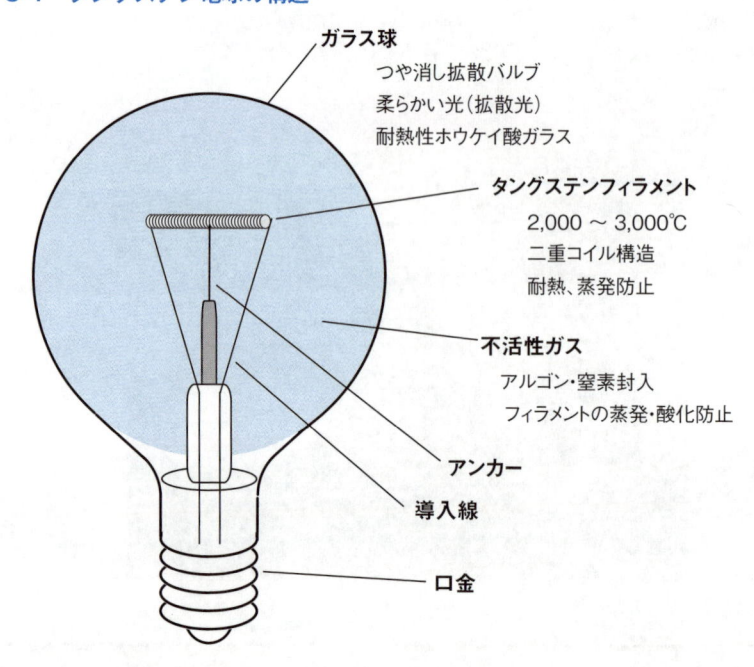

ガラス球
つや消し拡散バルブ
柔らかい光（拡散光）
耐熱性ホウケイ酸ガラス

タングステンフィラメント
2,000～3,000℃
二重コイル構造
耐熱、蒸発防止

不活性ガス
アルゴン・窒素封入
フィラメントの蒸発・酸化防止

アンカー

導入線

口金

きているので、白熱電球の需要は年ごとに落ちてきています。反面、自動車用表示ランプ、表示灯、舞台照明、スタジオ撮影用照明、携帯用ランプ、直流点灯標準光源などには、現在もこの種のランプが使われています。

　タングステンランプの寿命は、フィラメントの寿命によって決まります。フィラメントが切れたときが寿命となります。フィラメントの寿命は、フィラメント温度に依存します。フィラメント温度を上げると（電圧を上げると）光度が上昇し、それにつれてフィラメントの蒸発も大きくなり切れてしまいます。タングステンランプに定格電圧より5%上昇した電圧を加えると（100V定格の電球に105Vの電圧を加えると）、明るさは18%増えますが寿命が半分になってしまいます。140Vの電圧では電球は瞬時に切れてしまいます。フィラメントは、温度が低いときには抵抗が低いために点灯時に電流が多く流れます（このときに突入する電流をラッシュカレントといいます）。フィラメントに過大な電流が流れることは寿命の点では好ましくありません。つまり、あまり頻繁な電源の入り切りはランプの寿命を著しく縮めることになります。フィラメントの熱による蒸発を防ぐために、高温に耐えるフィラメント材（炭素、タングステン、オスミウム、タンタラム）が開発されました。また、フィラメント形状も弧状のものから2重コイルにして熱が奪われにくい方式になりました。

　ランプの高出力化とともに、フィラメントの光度が高くなり過ぎてまぶしさを与えるようになりました。それを改善するため、1925年、日本の不破橘三（東芝）によってバルブ内面をつや消し処理した電球が開発されました。

●ハロゲンランプ

　タングステンハロゲンランプは、先に述べたタングステンランプの不活性封入ガスの中に、微量のハロゲン元素（ヨウ素、臭素）を入れた発熱発光ランプです。白熱電球に変わりはありません。

　ハロゲンガスを封入したことにより、発光効率とコンパクト性、寿命が著しく向上しました。このランプは、1959年、アメリカGE社のエドワード・ザブラーとフレデリック・モスビーによってヨウ素を封入したハロゲンランプとして開発されました。エジソンが炭素電球を発明した1879年から80年を経て、新しい白熱電球が登場したのです。この間に、蛍光灯や水銀ラン

図6-5-2　ハロゲンランプ

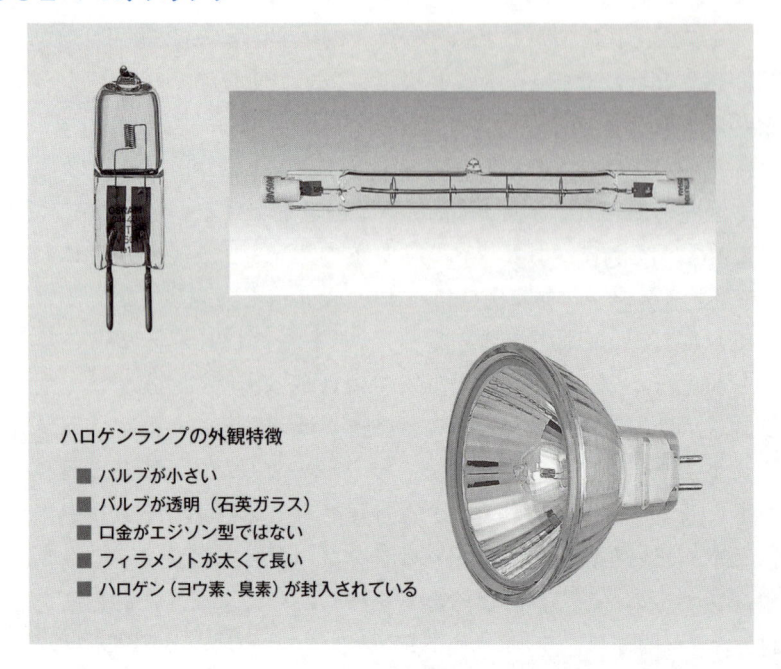

ハロゲンランプの外観特徴
- バルブが小さい
- バルブが透明（石英ガラス）
- 口金がエジソン型ではない
- フィラメントが太くて長い
- ハロゲン（ヨウ素、臭素）が封入されている

プ、ナトリウムランプなども開発され、照明器具は大きな市場となっていました。その中で、もっとも古典的な白熱電球で技術革新が行われたのです。ハロゲンランプは、現在は自動車のヘッドランプ、舞台照明、映画照明、展示ショーケース照明として使われていますが、1960年まではこれらの分野には旧来の白熱電球が使われていたことになります。

　ハロゲンランプは、小さくて出力が大きいのが特徴です。そのため単位面積の発熱が多くなり、バルブも高温になるので、バルブの材質には石英ガラスが使われています。

●ハロゲンサイクル

　ハロゲン元素は、高温で加熱されて蒸発したタングステン原子と温度の低い電球の壁近くで結びついてハロゲン化タングステン（ヨウ化タングステン、もしくは臭化タングステン）が作られます。これが、高温になったフィラメント部で遊離して、タングステン単体をフィラメントに還元させます。

図6-5-3　ハロゲンサイクルのしくみ

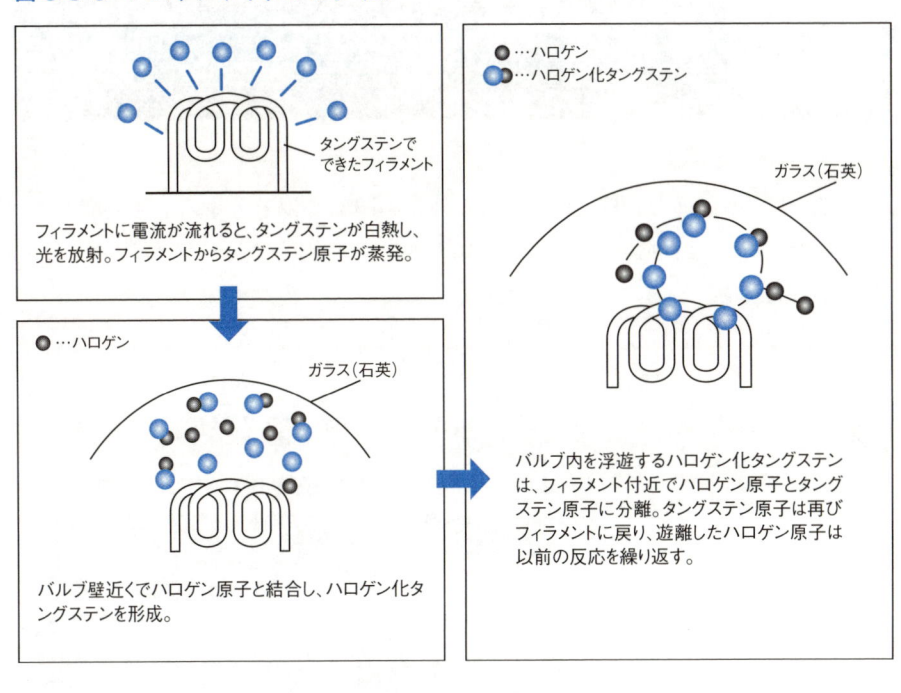

・・・タングステンでできたフィラメント

フィラメントに電流が流れると、タングステンが白熱し、光を放射。フィラメントからタングステン原子が蒸発。

●・・・ハロゲン
●・・・ハロゲン化タングステン

ガラス(石英)

バルブ壁近くでハロゲン原子と結合し、ハロゲン化タングステンを形成。

バルブ内を浮遊するハロゲン化タングステンは、フィラメント付近でハロゲン原子とタングステン原子に分離。タングステン原子は再びフィラメントに戻り、遊離したハロゲン原子は以前の反応を繰り返す。

　結果的にフィラメントの蒸発が抑止される働きを持ちます。ハロゲンを介在させたタングステン元素の還元作用を「ハロゲンサイクル」といいます（図6-5-3参照）。このハロゲンサイクル原理によって、フィラメントの寿命を著しく延ばすことができるようになり、蒸発の心配が減ったためフィラメントに電流をたくさん流して高温にできるようになりました。その結果、従来のガス入り電球に比べて小型のバルブ（石英ガラス管）にすることができました。

　また、フィラメント温度が同じであれば寿命を2倍にでき、同一寿命であれば温度を上げることができるので効率を約15%高くできるようになりました。ハロゲンは、温度の低い管面で蒸発したタングステンが付着して黒化することを防ぎ、発光管を暗くさせないので管面の清掃作用も担っています。また、ハロゲンサイクルにより寿命末期に至るまで光束の低下がほとんどありません。

6-6 電気を光へ② 蛍光灯

蛍光灯は、水銀灯の一種です。柔らかい光の照射を得意とする照明装置です。
　柔らかい光とは、陰ができにくい光のことで空間を均一に照らし出すのに適しています。
　蛍光灯は、消費電力に対する発光効率が25％と高くて熱損失が小さいため、1960年代より白熱電球に代わって家庭や事務所の照明として一般的になってきました。家庭用の蛍光灯は、4Wから40Wクラスが一般的で、大きなものでは220Wまであり、オフィスや工場で使われています。

図6-6-1　植物工場の光源としても使われる蛍光灯

写真提供：千葉大学植物工場拠点

●蛍光灯の基本構造

蛍光灯は、放電灯の一種であり、それも水銀灯の一種です。
　ただし、水銀の蒸気圧が低い（10^2mmHg）真空管の中の放電（低圧水銀放電）です。一般の水銀灯は、蛍光灯管を真空排気して、その中に数mgの水銀粒と2～3mmHg程度のアルゴンガスを封入しています。アルゴンガスは、蛍光灯の始動時に放電をしやすくするために入れられています。
　水銀の放電は、10万分の1気圧程度の蒸気圧で放電させると253.7nmの紫外輝線スペクトルを発します。蛍光灯は、この領域を利用しています。つまり蛍光灯は水銀の紫外線発光を利用しているのです。水銀の蒸気圧をさらに高めて1気圧から数気圧にすると可視域に青、緑、黄の強い輝線スペクトルが現れるようになります。工場や街路灯に使われる水銀灯はこの高圧水銀灯を利用しています。

水銀蒸気をさらに高めて10気圧以上にしますと連続スペクトルが強くなり、白色に近くなります。これは、超高圧水銀灯とよばれています。
　蛍光灯の発光メカニズムを図6-6-2に示します。蛍光管に取り付けられたフィラメントから放射される熱電子が放電管内に散在する水銀粒子に衝突し、これにより発生する紫外線（特に強い253.7nmの共鳴放射）が管壁面に塗布された蛍光体を励起させ可視光に変換されます。
　蛍光灯が発光するしくみは以下のようになっています。

（1）電極（陰極）に対して電流を流すことにより、エミッター（電子放出物質）から大量の熱電子が放出される。
（2）放出された電子は、もう片方の電極（陽極）に対して移動します。
（3）移動する電子は、ガラス管の中に封入されている水銀原子と衝突し、その衝突のエネルギーにより、水銀原子は紫外線を発生させます。
（4）発生した紫外線はガラス管内壁に塗布されている蛍光物質に当たり、可視光線を発生させます。

　蛍光灯（FL）にはフィラメントが電極になっているHCFL（熱陰極管蛍光灯）タイプとフィラメントを持たない電極のCCFL（冷陰極管蛍光灯）タイプがあります。CCFLは液晶テレビのバックライトなどに使われており、数万時間の寿命があります。

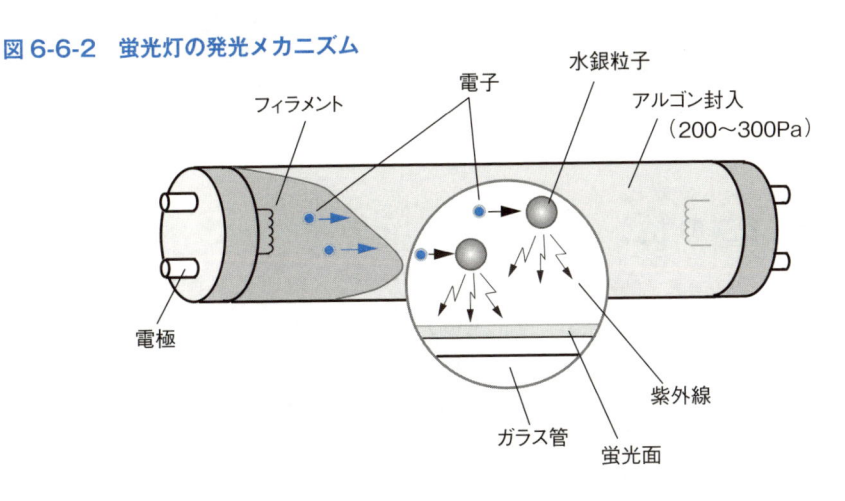

図6-6-2　蛍光灯の発光メカニズム

6-7 電気を光へ③ LED

●普及が進むLED

　LEDの寿命は数万時間と長く、メンテナンスの手間がかからないので交通信号灯や体育館など高所にある照明器具のLEDへの置き換えが進んでいます。消費電力を少なくできるLED照明を採用してエネルギー削減に貢献していることをアピールするために店内照明や看板へLED照明を採用するコンビニチェーンも増えています。

　また、液晶テレビのバックライト照明は、冷陰極管蛍光灯（CCFL）から、こまめな制御をして画質を向上させることのできるLED照明に急速に変わってしまいました。

　スイッチの入り切りで間髪いれずに点灯、消灯ができるという応答性のよさを買われて、LEDは高速度撮影など特殊な用途にも使われています。

　LEDはP型半導体とN型半導体が接合したダイオード構造の発光素子です。発光波長は単波長なのですが半導体材料の組み合わせにより赤外線から可視光線、紫外線の各波長を発光できるタイプが製品化されています。

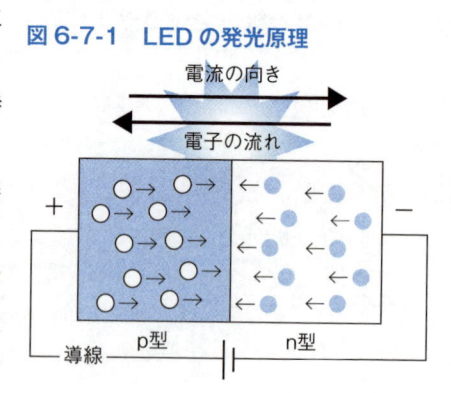

図6-7-1　LEDの発光原理

●白色LEDの方式

　原理的には単一の波光を発光する素子なので白色を発光させるには、
（1）赤色LED、緑色LED、青色LEDの三色を混合する
（2）近紫外線LEDの紫外光を、赤色を発光する蛍光体と緑色を発光する蛍光体と青色を発光する蛍光体の三種類を混合したRGB蛍光体へ照射する

（3）青色 LED 光を黄色を発光する蛍光体へ照射するなどの方式をとる必要があります。

図 6-7-2　白色 LED の方式

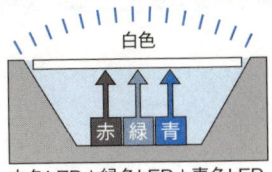

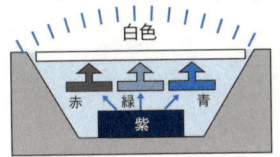

赤色LED＋緑色LED＋青色LED　　紫色LED＋RGB蛍光体　　青色LED＋黄色蛍光体

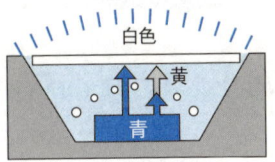

● LED 照明の使われ方

【室内照明】

　LED からの発光は指向性が高いので眼には刺激的です。そこで高輝度で軽量な特徴を生かして間接照明としてよく使われます。

　また、LED 電球に加えて光の拡散シートなどを使ってシーリングライト、壁面ライト、スタンドライトなど今までの形状をした灯具製品も多くなり、節電意識の高まりから白熱電球を使った灯具から LED を使った灯具への置き換えが進んでいます。

【樹木など屋外のイルミネーション】

　LED ランプは、白熱ランプに比べて発熱が少ないので樹木への負担が少なくなります。そこでクリスマスから年末、年始にかけて商店街の街路樹を彩るイルミネーションや建造物のライトアップなどに採用されることが多くなっています。

図 6-7-3　屋内の LED 照明　　　図 6-7-4　街路のイルミネーション

6・動力、光、熱への利用

6-8 電気を熱へ① ヒータ / IHヒータ

●ニクロム線 / ハロゲン / カーボンヒータ

電気コンロ、電気乾燥器、瞬間湯沸かし器、工業用電熱炉など幅広くニクロム線式ヒータは使われています。裸ニクロム線のままでは危険なのでニクロム線を酸化マグネシウム等の絶縁粉末で覆い金属パイプに封入したシーズヒータがよく使われています。

シーズヒータは、電気コンロ、電気炊飯器、電気衣類乾燥器、瞬間湯沸かし器、ホットプレート、ロースタ、投げ込みヒータなどの内部で幅広く使われています。

図6-8-1 ニクロム線を使った電気コンロ

写真提供：(株)石崎電機製作所

【ハロゲンヒータ】

ハロゲンヒータは、ハロゲンランプを発熱体に使用しているので数秒で近赤外線を発熱します。扇風機の首振り構造にパラボラミラーをとりつけた左右に首振りができる円形タイプや、縦長や横長の長方形タイプなどがあります。転倒したときはスイッチが切れる安全装置が装着されています。ハロゲンヒータは、長らく電気ストーブの主役の座にあり

図6-8-2 シーズヒータを使った製品例

電気コンロ　　　　投げ込みヒータ　　　　電気ケトル

写真提供：(株)石崎電機製作所　　写真提供：ペパンド(株)　　写真提供：象印マホービン(株)

ましたが効率のよいカーボンヒータの出現でその座を譲りました。

【カーボンヒータ】

　石英管の中に不活性ガスと炭素繊維を封入したのがカーボンヒータです。ニクロム線ヒータやハロゲンヒータにくらべて赤外線のエネルギーが多く放射され、効率がよいので現在では電気ストーブの主流になっています。

● IHヒータ加熱のしくみ

　ヒータを使わない加熱調理器に電磁調理器があり、IHヒータとよばれています。IHは、Induction Heatingの頭文字で、誘導加熱を意味しています。この調理器のトッププレート面は、まったく熱くないのに鉄鍋やステンレス鍋をのせると不思議なことにみるみるうちに熱くなります。しかし、アルミ鍋や銅鍋は、電気抵抗が低いので十分に加熱させることができません。

　IHヒータは、電磁調理器のプレートの下にコイルが埋め込まれていてこのコイルに高周波電流が流れると磁力線が発生します（図6-8-3）。鉄鍋を置くとこの磁力線の誘導作用で鉄鍋にうず電流が流れ、鉄鍋の電気抵抗による熱損失が発生します。この熱によって鉄鍋が加熱される訳です。土鍋ではうず電流が鍋底に発生しないのでまったく加熱ができません。この方法は熱効率が大変よく、LPガス40％、電気コンロ52％に比べて電磁調理器では70％の効率になります。電気エネルギーの70％が熱として利用できるのです。

図6-8-3　IHヒータのしくみ

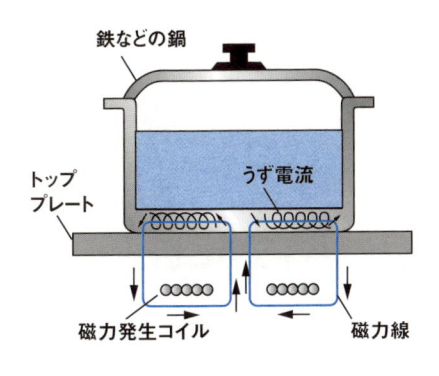

図6-8-4　IHヒータ製品例

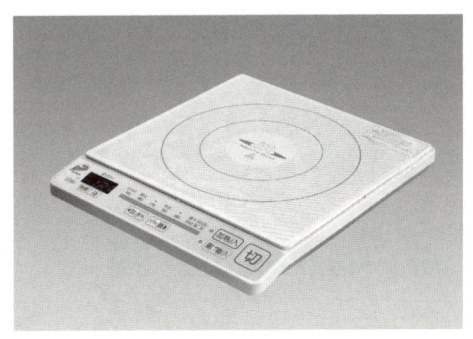

写真提供：（株）石崎電機製作所

6-9 電気を熱へ② 電子レンジ

　電気の発熱作用で調理するには、ニクロム線などの抵抗発熱体に電流を流して発熱させる方法のほかに、電磁波＝マイクロ波（Microwave）を食品にぶつけて水の分子を振動させて加熱させる方式があります。これが電子レンジです。金属などマイクロ波を反射してしまう物質は発熱させることができません。また、反射したマイクロ波は故障の原因になるおそれがあります。ガラスやセラミクス、それに紙などはマイクロ波を容易に透過してしまい、食品に到達して加熱するので食品の容器として使うことができます。

●電子レンジの発熱のしくみ

　食品中の水分子はマイクロ波をまともに受けると振動して発熱します。水分をたくさん含んでいる食品はこのようなしくみでマイクロ波をあてて加熱することができます。2,450MHzの電磁波を発生させるのはマグネトロンとよばれる送信管です。マグネトロンのアンテナ部から放出されたマイクロ波は導波管を通ってオーブンへ導かれていき、オーブン内で拡散されて容器の中に置かれている食品の水分を振動させて加熱します。

図6-9-1　電子レンジのしくみ

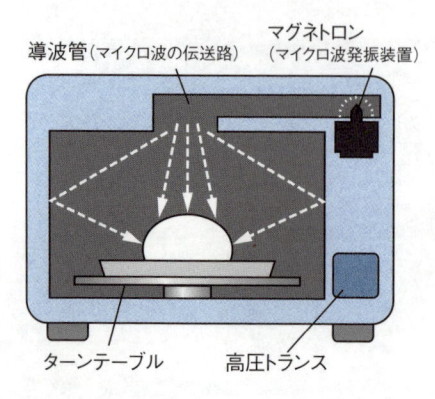

図6-9-2　誘電加熱の原理

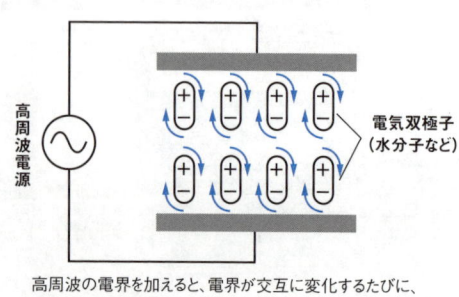

高周波の電界を加えると、電界が交互に変化するたびに、水分子（電気双極子）は反転し、摩擦によって熱が発生する。

●電子レンジの効率

　筆者の自宅にある電子レンジは、出力が1,000Wあります。過日、セラミクスのマグカップに100ccの常温の水を入れ、80℃まで熱するのにかかる時間を計ったところ約50秒でした。電子レンジの消費電力と通電時間、それに水の温度上昇から電子レンジの効率（η）を求めると、

$$100 [g] \times 60 [℃] = 1,000 [W] \times 50 [s] \times \eta / 4.2 [J/ca]$$
$$\eta = 0.504$$

となり、電子レンジの消費電力の約半分が水の加熱に使われたことになります。

　電子レンジには単純な加熱機能だけの廉価な製品からスチームオーブン、グリルなどいろいろな機能が付いた高級な多機能製品まで多くの種類があります。

●マグネトロンの構造

　マグネトロンは、アノード・フィラメント（陽極）とフィラメント熱電子放出部（陰極）よりなる二極管です。アノード内に発振周波数に対応したアノード共振器が形成されています。アノード共振器をマグネット磁界発生源のマグネットで上下からサンドイッチした構造になっています。アノード共振器で発振した2,450MHzの高周波電流は、高周波表皮電流となってアンテナ高周波出力部へ導かれ、マイクロ波となって導波管を通じてオーブン内に導かれます。直接、または反射したマイクロ波が食品に照射され、加熱されます。

図6-9-3　マグネトロンの構造

アンテナ　高周波出力部
マグネット　磁界発生源
ステム　フィラメント保持、入力絶縁
フィラメント　熱電子放出部
アノード　共振部
端子　アノード・フィラメント電圧印加

写真提供：東芝ホクト電子（株）

6-10 モータを使った電気製品
洗濯機／掃除機／冷蔵庫

　電化製品を牽引してきたのはモータを使った洗濯機、冷蔵庫、エアコン、電気掃除機などです。これらの製品に共通するのは心臓部にモータが活躍していることです。

●ドラム式自動洗濯機
　水槽が縦型の自動洗濯機から現在は横型のドラム式自動洗濯機が主流になっています。これはシワが出来にくく、洗浄率のよいたたき洗いができるからです。洗濯物の出し入れがしやすいようにドラムを少し傾けた斜めドラムを採用した製品が増えています。乾燥時の消費電力を少なくするためにヒートポンプを使ったり、時速360kmの風アイロンを使ったり、排熱を有効再利用するなど各社、特色のある乾燥技術を競っています。

●サイクロン方式電気掃除機
　紙パック式の電気掃除機では吸い取った塵は紙パックに収納され、空気はフィルターを通過して外部へ排気されます。紙パックにごみが一杯になり、

図6-10-1　家電各社のドラム式自動洗濯機

写真左から
シャープ（株）ES-V520-WL-2／東芝ホームアプライアンス（株）TW-Z9200L／パナソニック（株）NA-VX7100L／日立アプライアンス（株）ドラム式洗濯乾燥機 BD-V5400L

吸引力が落ちてくると新しい紙パックと取り換える必要があります。

一方、産業用集塵機やセントラルクリーナーに使われてきた竜巻の遠心力を利用してごみを空気と分離するサイクロン方式では、ごみはダストボックスに収納されますので紙パックは不要となり、吸引力の低下がゆるやかになる利点があります。ダストボックスにごみが一杯になったらダストボックスを本体から取り外してごみを捨て、本体に戻します。この手軽さが受けて家庭用の掃除機もサイクロン方式を採用した製品が増えています。

図 6-10-2　電気掃除機の方式

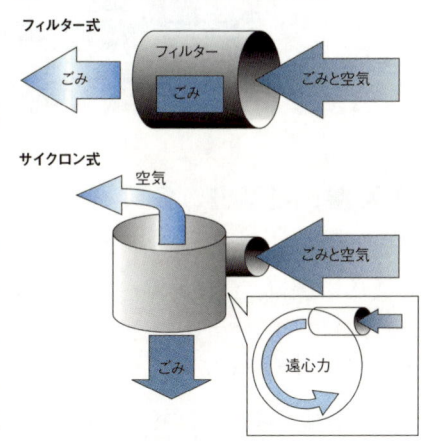

●電気冷蔵庫

電気冷蔵庫の庫内を冷やすしくみは、コンプレッサーで冷媒を圧縮して気体から液体にして放熱器に送ります。放熱器は、液体になって熱くなった冷媒から熱を外に逃がします。冷やされた冷媒は冷却器へ送られて気体になります。このときに周りから熱をうばい冷気を作ります。冷気が断熱材で囲まれた庫内を冷やします。

この冷却の仕組みは1823年に電磁誘導の法則で有名なファラデーによって発明されました。

図 6-10-3　冷蔵庫のしくみ

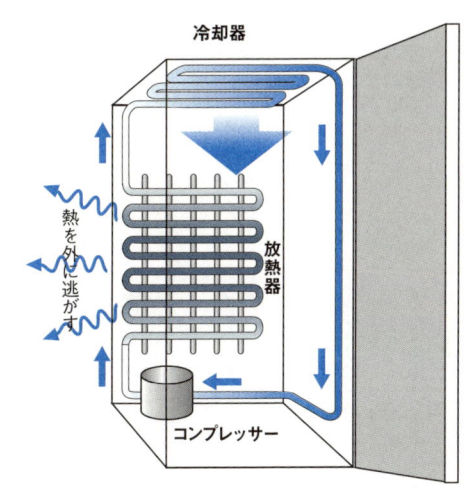

出典：東北電力(株)ホームページ

6-11 電子回路を使った電気製品①
医療診断・測定機器

● X線、超音波、CT、MRI

　定期健康診断や人間ドックを受けるとお世話になる機器にX線撮影装置、超音波診断装置、CT装置、MRI装置などがあります。X線撮影装置では撮像された映像はデジタル処理されてモニターに映し出されるのでフィルムのときのように現像の手間が不要になり、X線も弱くてすみます。身体を輪切りに撮影するCT装置は、身体用以外に歯科用、工業用など用途が広がっています。一般的な医療機器の特徴を表6-11-1にまとめています。X線撮影装置は長らく胸部や腹部の体内撮影診断装置の主役でした。現在ではCTやMRIが主役の座についています。また、幼児、妊産婦は被曝が好ましくないのでCTやMRIは使えません。そこで問題のない超音波エコー診断が使われています。

●体温計、血圧計、AED

　電子回路を内蔵した体温計、血圧計など家庭でも手軽に使える医療測定機器が増えています。従来の水銀を使った温度計や圧力計のアナログ表示からデジタル表示になり、読み取りが正確で楽になりました。

　駅や公共の施設ではAED（自動体外式除細動器）を設置しているところが多くなりました。工場やオフィスでも設置するところが増えています。AEDは一般人にも使用が認められており、救急車や医師が到着までの時間に使われます。一般人のために操作手順が音声により指示される機能が付いている製品もあります。

表6-11-1　医療機器の特徴比較

機器名	照射	被爆量	撮影方式	撮影時間	撮影部位	撮影不可対象
CT Computed Tomography	X線	有	断層撮影	短時間	全身	幼児、妊産婦
MRI Magnetic Resonance Imaging	磁気	すこし有	断層撮影	CTより長い	全身特に脳	ペースメーカー、金属の装着者
エコー ultrasonography	超音波	無	反射波撮影	リアルタイムで動画観察が可	腹部	特になし

図 6-11-1　CT 装置「ECLOS」

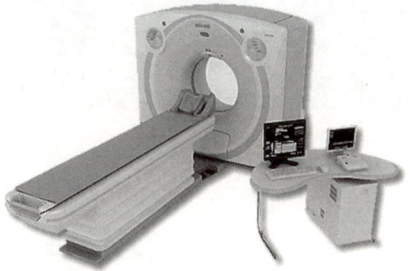

写真提供：(株)日立メディコ

図 6-11-2　超音波画像診断装置「プロサウンドα 7」

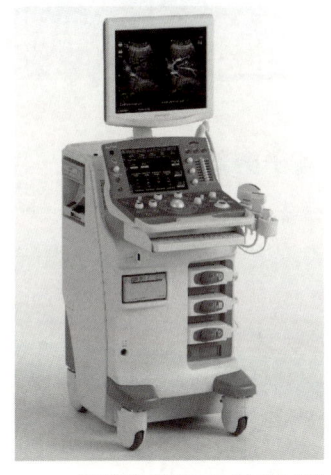

写真提供：日立アロカメディカル(株)

図 6-11-3　デジタル X 線 TV システム「Raffine」

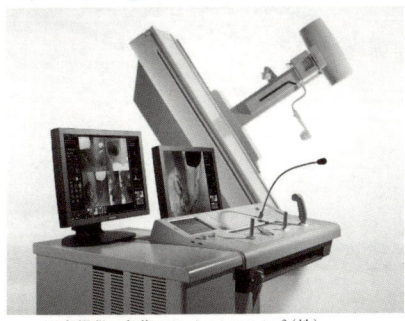

写真提供：東芝メディカルシステムズ(株)

図 6-11-4　血圧計と体温計

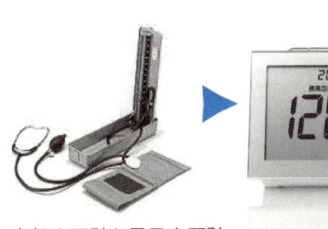

水銀血圧計と電子血圧計

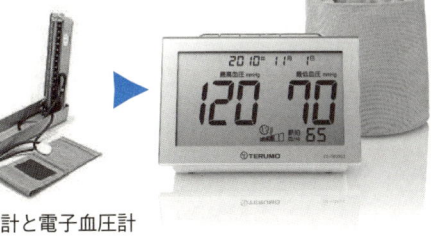

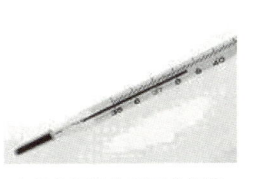

水銀体温計と電子体温計

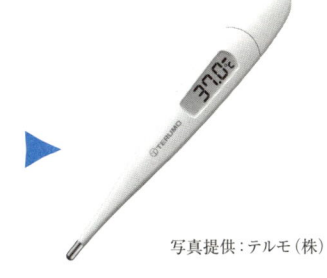

写真提供：テルモ(株)

図 6-11-5　AED-2100

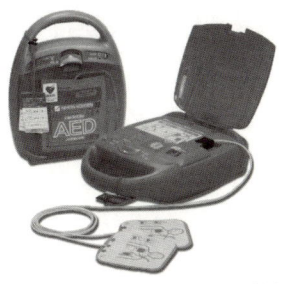

写真提供：日本光電工業(株)

6・動力、光、熱への利用

147

6-12 電子回路を使った電気製品② 電子楽器／ナビゲーションシステム

●電子楽器

図 6-12-1　microSAMPLER

楽器の音をピックアップで拾って電子処理した楽器や、音源発生を電子化したり音源を採取して処理したり、パソコンと連携できるなど多彩な機能を持ったキーボードなどの様々な電子楽器が、アマチュアからプロまで幅広く活用されています。

写真提供：(株)コルグ

【電子楽器の音源】

あらかじめ楽器の音を録音し、デジタル化してメモリに蓄積しておき、キーボードの鍵盤信号やパソコンのMIDI信号に対応した音程のPCM波形をメモリから読み出し、そのデータを使って再生するのがFM音源です。メモリの容量が十分にあれば任意の波形を作るのが可能なので電子ピアノやシンセサイザーなどの電子楽器の音源として広く使われています。

【サイレント楽器】

大音量の楽器は、近隣に迷惑をかけるので練習場所に苦労します。そこで演奏部分の形状はそのままにして音の再生を電子化し、ヘッドホンを使って家庭でも周囲に迷惑をかけないサイレント楽器が作られています。

図 6-12-2　サイレントギターとサイレントセッションドラム

写真提供：ヤマハ(株)

図6-12-3 カーナビの画面

● ナビゲーションシステム

　カーナビゲーションシステムは、今やカーライフにはなくてはならない機器になっています。しかし現在利用しているGPS衛星は、アメリカの軍事衛星なのでいつ使用を打ち切られるかわからないリスクをかかえています。

【GPS衛星位置情報のリアルタイム補正システム】

　GPS衛星を使って位置を計算するためには4個以上のGPS衛星の信号を受信する必要がありますが、そのままでは10m前後の誤差があります。基地局で多くのGPS衛星信号を受信して補正データを作成し、FM放送等で車に配信して補正を加えれば1m前後の誤差に位置情報を抑えることができます。

図6-12-4　GPS衛星リアルタイム補正システム

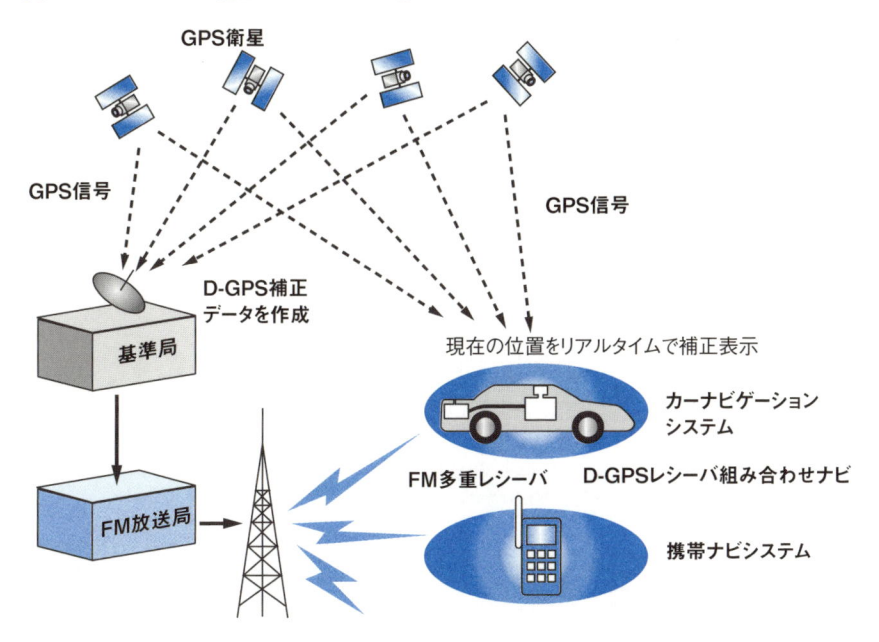

Column
世界の測位衛星システム

・日本の測位衛星「みちびき」

2010年9月11日に準天頂衛星「みちびき」が打ち上げられ、日本独自の準天頂軌道を回る測位システムの試験が進められています。準天頂軌道は8時間で1周するので24時間サービスするには最低3つの衛星が必要になり、余裕と予備を考慮すると4つ以上の衛星が必要になります。準天頂衛星のデータは、GPSのデータを補完するので補足時間と範囲がひろがります。

表 6-A　世界の衛星測位システム

	システム名	測位範囲	軌道と衛星数	精度(水平)	サービス	完了予定
アメリカ	GPS	全地球 GNSS	3軌道×8衛星計24衛星で構成 GPSのページhttp://www.gps.gov/	10m以下	提供中	更新中
ロシア	GLONASS	全地球 GNSS	3軌道×8衛星計24衛星で構成 GLONASSの運行情報 http://www.glonass-ianc.rsa.ru/en/	12m以下	提供中	更新中
欧州	Galileo	全地球 GNSS	3軌道×10衛星計30衛星で構成 ESA・Galileoのページhttp://www.esa.int/export/esaNA/galileo.html	15m以下	試験中	2019
中国	北斗	全地球 GNSS	静止衛星×5中高度軌道衛星×30 北斗のページhttp://www.beidou.gov.cn/	10m以下	試験中	2020
インド	IRNSS	インドと周辺エリア RNSS	静止衛星×5傾斜地球軌道同期衛星×4 ISROのページhttp://www.isro.org/	20m以下	試験中	2014
日本	QZSS	日本と東南アジア・オセアニア RNSS	準天頂軌道×4衛星(1衛星は予備) JAXA・QZSSのページhttp://qzss.jaxa.jp/	10m以下	試験中	2020

GNSS：地球的衛星測位システム
RNSS：地域的衛星測位システム

第7章

情報メディアと通信

テレビやラジオなどの放送や、インターネットに代表される通信技術、
街角で目にするデジタル案内板、いろいろなメディアを通じて映像や音楽、
知識を享受することも、電気の働きがなければ不可能になりました。
最後の章では、現代に暮らす誰もが必要な「情報」を運ぶ
電気の役割をみていきましょう。

7-1 情報を電気化するということ

　情報は従来、紙をベースにやり取りされてきました。その後、情報を電気化することができるようになると有線通信で記号や音声でやり取りが行われました。そして情報の記録は紙やカード、レコード盤から磁気記録へと発展してきました。現在では大容量の情報を扱う磁気記録や光記録が、家庭でもいとも簡単にできるようになりました。

　電気化される情報には、アナログのまま処理される情報、アナログからデジタル化されて処理される情報、デジタル化されている情報を再度処理される情報などがあります（図7-1-1）。

　それでは情報の電気化の例をみていきましょう。

●アナログ情報の情報化

　音声・映像等のメディア情報、体温・血圧等の生体情報、温度・湿度等の気象情報などのアナログ情報は、マイク、映像素子、温度センサ、湿度センサ等でアナログ電気信号に変換されてフィルタ回路でノイズ除去された後、ペンレコーダやアナログレコーダで紙や磁気テープにアナログ記録されます。

図7-1-1　アナログ情報の電気信号化の流れ

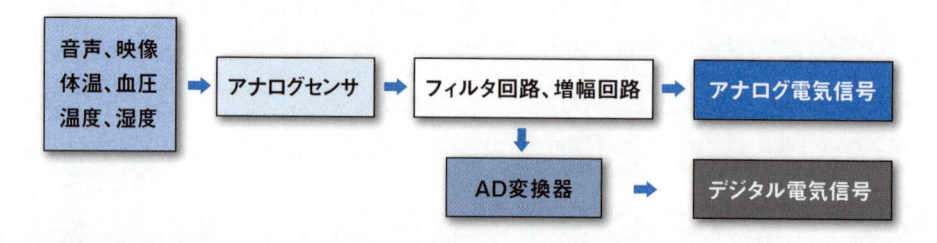

音声、映像 体温、血圧 温度、湿度 → アナログセンサ → フィルタ回路、増幅回路 → アナログ電気信号
　　　　　　　　　　　　　　　　　　　　　　↓
　　　　　　　　　　　　　　　　　　　AD変換器 → デジタル電気信号

●デジタル情報の情報化

　数字、記号、文字等の情報は、アナログとデジタルの中間情報と見てよいでしょう。紙に筆記されたり、印刷されたりしている情報はアナログ的に人

間に視覚されたり、カメラに読み取られたりして識別されるとデジタル化されたといってもよいでしょう。

一次元バーコード、二次元バーコード情報は、デジタル化されることを前提に規格化されたコードパターンが作成されており、バーコードプリンタでラベルに印字されて商品に張り付けられたり、刻印されたり、印刷されたりしています（図7-1-2）。スーパーや商店のレジで活躍するキャッシャーさんは、商品のバーコードの読み取らせとお釣りを渡す役割になっています。

キーボード入力情報は、人間が情報をデジタル化してキー入力し、内部回路がデジタルコード化されたものです。

●バーコードの規格例

バーコードには多くの規格があります。JISにはISO/IEC規格を翻訳した表7-1-1に示す規格があります。

表7-1-1　バーコードの規格例

規格番号	タイトル
JIS X 0505:2004	バーコードシンボルーインタリーブド2オブ5ー基本仕様
JIS X 0510:2004	二次元コードシンボルー QRコードー基本仕様

図7-1-2　アナログ信号・記録ペンレコーダ

図7-1-3　スマートフォンと二次元バーコード（左）／一次元バーコード

ペンレコーダーのペン先で現在の値が直視できる。また、連続した変化を記録紙に残すことが求められる用途や変化を解析する用途に便利。

写真提供：(株)セコニック

7-2 マイクロフォン

　音を電気信号に変換するのがマイクロフォンです。風切り音に強いもの、指向性の強いもの、ステージ用ワイヤレス型など用途に合わせて各種のマイクロフォンが製品化されています。

●マイクロフォンの構造

　ダイナミックマイクロフォンでは振動板にボイスコイルが取り付けられています。ボイスコイルは、振動板の振動でポールピースとヨークで形成される磁界の中をピストン運動して、振動波形に対応した電気信号を出力します。
　一方、コンデンサマイクロフォンでは振動板にテフロンなどの高分子材料を使用したエレクトレット方式が一般に使われています。振動板と固定電極の間には正極電圧が印加されています。音で振動板が振動するとコンデンサ容量が変化し、微小電流が抵抗を流れ、振動波形に対応した出力電圧が得られます。

●マイクロフォンの種類

　マイクロフォンには音質を重視するもの、感度を重視するもの、指向性を

図7-2-1　マイクロフォンの構造

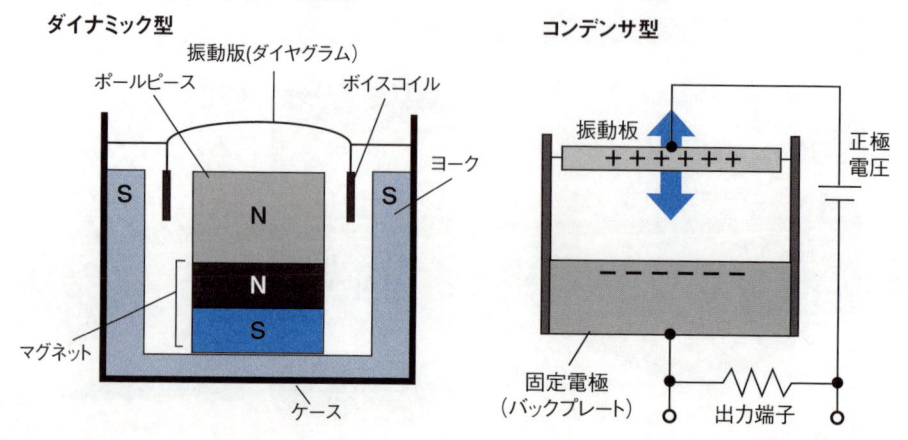

ダイナミック型
振動版(ダイヤグラム)
ポールピース
ボイスコイル
ヨーク
S / N / S
マグネット
ケース

コンデンサ型
振動板
正極電圧
固定電極
(バックプレート)
出力端子

重視するもの、大きさや値段を重視するものなど用途によりさまざまな種類があります。

最近ではMEMS（Micro Electro Mechanical Systems）技術を使って作られた超小型表面実装タイプのMEMSマイクロフォンもあります。

●マイクロフォンの使われ方

マイクロフォンには手持ちで使う有線ハンドマイク、録音スタジオや中継ブースなどで音声から出る風切り音を和らげるウィンドスクリーンを取り付けて使われるスタジオマイク、実況中継、コールセンター、インストラクタ等の両手を自由に使いたい用途で使われるハンズフリーマイクやヘッドセット、動き回るシーンの多いステージやカラオケ等で使われるワイヤレスマイクなど、様々な目的に応じたマイクロフォンが開発されています。

図7-2-2　業務用コンデンサーマイクロホン「C-38B」
写真提供：ソニー（株）

図7-2-3　携帯電話に実装されたMEMSマイクロフォン

図7-2-4　いろいろなマイクロフォン

（左から）スタジオマイク／ヘッドセットマイク／ハンドマイク

7-3 スピーカ

●ダイナミックスピーカの原理と構造

電気信号を音信号に変換するのがスピーカです。ダイナミックスピーカでは永久磁石の円柱にボイスコイルが挿入されて、このボイスコイルに電流が流れるとピストン運動をして振動をコーンに伝え、コーンが空気を振動させて音を再生します。コーンは、前後方向のピストン運動を妨げないようにダンパーやエッジを介してフレームに保持されています。スピーカはエンクロージャーとよばれる箱や製品のケースに固定されて使われます。

図 7-3-1 ダイナミックスピーカの構造

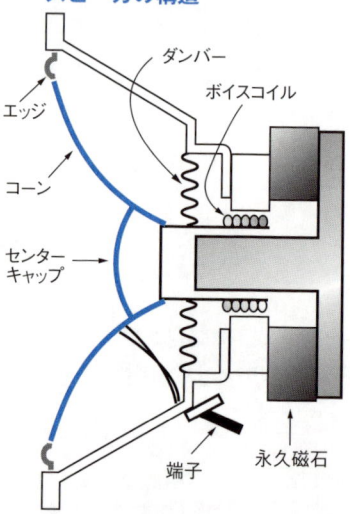

●メガフォン拡声器の構成

選挙演説の弁士や観光案内のガイドさんがメガフォン拡声器を使って語りかけるのをよくみかけます。メガフォン拡声器ではマイクロフォン、アンプ、ト

図 7-3-2 スピーカボックスの形式

密閉型　バスレフ型　バックロードホーン型

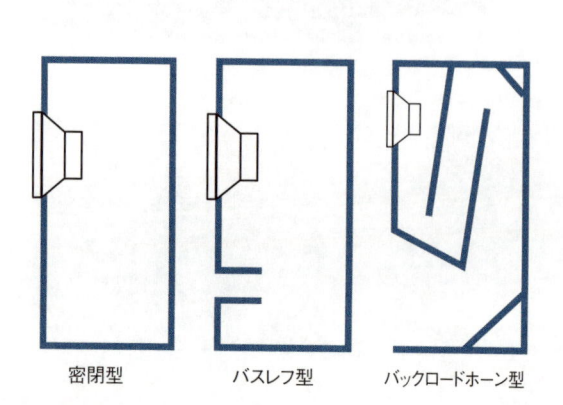

図 7-3-3
2way用ネットワーク回路図

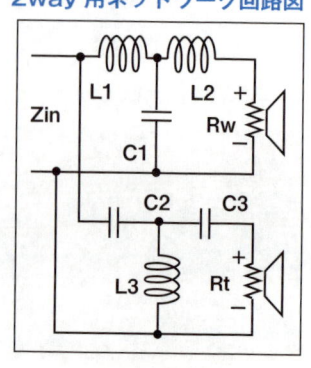

18db/oct並列型

ランペットスピーカと電源となる電池が一体構造になっているので持ちあるきながら拡声操作ができます。肩からトランペットスピーカを掛けてマイクロフォンを手に持って操作するタイプもあります。災害や事故の発生時に警報として使えるサイレン音発生機能が付いているものもあります。

図 7-3-4　メガフォン拡声器

写真提供：TOA（株）

●スピーカボックス（エンクロージャー）の構造

　1個のスピーカで可聴周波数全域を再生するのは難しいので、複数のスピーカをひとつの箱に収めたスピーカボックスがオーディオシステムではよく使われています。箱の構造には、開口部のない密閉型、低音共振用の穴を設けたバスレフ型、折り曲げたホーン構造を内部に設けたバックロードホーン型など様々な形式があります（図7-3-2）。

　箱の内部には不要な共振を防ぐために吸音材が敷かれています。コイルとコンデンサで構成されるネットワークで各スピーカが再生を分担する周波数領域が決められています（図7-3-3）。このような部品をそろえて一式にした組立キットもあります。

図 7-3-5　スピーカとエンクロージャー部品（キット）の例

写真提供：（株）JVCケンウッド

7-4 ディスプレイ① 屋外の媒体

●交通機関のディスプレイ

駅の構内やプラットフォームで行き先や時刻を表示する方式には、機械的に表示板が反転してめくられていくタイプやスクリーンを巻きとるタイプなどがありましたが、最近は電子的に書き換えるタイプが主流になっています。反転フラップ式は表示が変わるときにパタパタと音がするのでパタパタなどとよばれて親しまれてきました。表示内容を自由に書き換えられる電子式の表示装置には大型の液晶やプラズマのディスプレイを使ったものもありますが、高輝度のLEDマトリックスを使った表示器が主流になっています。

LEDマトリックス式表示器は、16×16や24×24のLEDマトリックスブロックを組み合わせて構成されています。たとえば列車の行き先表示器では1列7個か8個のブロックが2列に配置されて使われています。

大都市圏のJRや私鉄では車内の扉上部に液晶のディスプレイが設けられて運行情報、ニュース、天気予報、コマーシャル等を流して乗客に情報提供をしています。

競技場や野球場、繁華街には大型の画面に映像を映せる多目的の大型表示装置が以前から設置されていました。最近は、飲食店やコンビニの店頭、地下街の通路、駅のホーム等に液晶やプラズマの大型ディスプレイを使ったさまざまな形態の「デジタルサイネージ」の設置が増えています。

図7-4-1 公共交通機関のディスプレイ
反転フラップ式表示器

高輝度LEDマトリックス式表示器

写真提供：(株)京三製作所

図 7-4-2　LED マトリックス表示の設計例

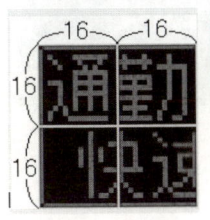

図 7-4-3　デジタルサイネージ機器の例「LCDステーション」（左）「トライアングル」

資料提供：The TRAIN LED

写真提供：シャープシステムプロダクト（株）

●デジタルサイネージの効果

　長いコンコースに一定間隔でディスプレイを連続して設置することにより、通り過ぎる人々に表示されている情報を読み落とすことがないように提供することができます。

　駅のホームでは電車の乗降口に対向する壁面に取り付けられた大型ディスプレイと、指向性のあるスピーカを使って電車の到着を待っている利用客に情報を提供し、画像と音声で広告の相乗効果をあげているデジタルサイネージの例もあります。

●大型表示装置の効果

　盛り場の交差点ではビルの壁面に大型のディスプレイが複数設置されており、交差点で信号待ちしている人々に広告や天気予報等の情報を提供しています。カメラで撮影した映像から横断中の通行人の平均年齢や男女比率等を分析し、その結果から流す広告の内容を選択するといった情報処理システムを備えた大型表示装置もあるそうです。渋谷ハチ公前のスクランブル交差点では1回に交差点を渡る人の数が平均2,000人、周辺の一日の歩行者数は90万人近くといいますから効果は絶大です。そこでこの大画面を使って愛の告白を多くの人々に告知してしまうといったビックリするような使い方もされています。

　このような大型表示装置では日中の明るさにも負けないで鮮明な表示が可能な高輝度LEDを使ったマトリックス方式が主流になっています。

7-5 ディスプレイ② FPDの方式

● FPD（薄型ディスプレイ）の方式

FPD（薄型ディスプレイ：Flat Panel Display）には自らプラズマ発光するPDP（プラズマディスプレイ：Plasma Display Panel）、OLED（有機ELディスプレイ：Organic Electro-Luminescence Display）などと冷熱蛍光管やLEDによるバックライト光をカラーフィルターと液晶シャッターで制御するLCD（液晶ディスプレイ：Liquid Crystal Display）があります。

大型ディスプレイにはPDPが適しているといわれてきましたがLCDの技

図 7-5-1　FPD各方式の原理

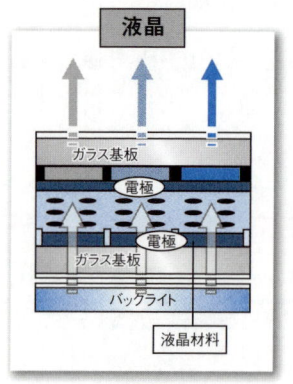

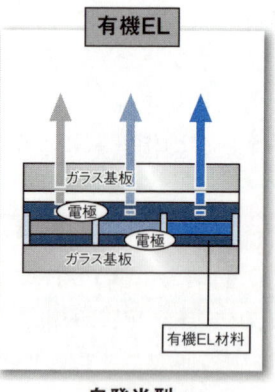

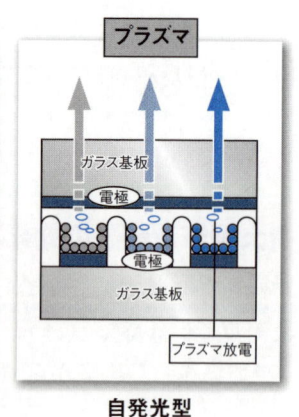

液晶	有機EL	プラズマ
受光型	自発光型	自発光型

出典：セイコーエプソン（株）ホームページ

表 7-5-1　FPDの比較

	液晶	有機EL	プラズマ
画　質	○	◎	○
大画面化	△	○	○
消費電力	○	◎	○
寿　命	○	○	○
薄　さ	○	◎	△
曲げられる	△	○	×

術進歩が著しく、その差はなくなっています。画質に優れているOLEDでは小型サイズのOLEDが既に携帯電話などで使われています。一方、大型サイズのOLEDは現在、国内外のメーカー間で商品化に向けて激しい開発競争が繰り広げられています。

●3次元ディスプレイ（3Dディスプレイ）

　3次元テレビには赤青メガネや偏光メガネをかけるもの、メガネ不要の裸眼でよいものなどいろいろな方式のFPDテレビが発売されています。表7-5-2に示すような特徴があり、各方式で主導権を競っています。

　メガネをかけるようにして映像をみることができるヘッドマウントディスプレイ（HMD：Head Mounted Display）は、シミュレータなどで使われてきました。テレビやゲームを3Dで楽しむことのできるOLEDをディスプレイに使ったHMDが製品化されています。このHMDを使うと映画館クラスの仮想ワイドスクリーン（750型相当、仮想視聴距離約20m）の映像に没入して映画やゲームを楽しむことができます。

図7-5-2　ソニー　3D対応ヘッドマウントディスプレイ　HMZ-T1

写真提供：ソニー（株）

表7-5-2　3次元テレビの方式と特徴

	アナグリフ方式	偏光方式	アクティブシャッター方式
特徴	左目用の映像を青、右目用の映像を赤で表示し、アナグリフ赤青3Dメガネをかけて見ることで立体視を実現。	1ドットのラインごとに右目用、左目用の映像を同時に表示し、偏光フィルムを通して立体視する方法。	モニターに左目用、右目用の映像を高速に差し替えながら表示し、左右交互にシャッターが閉じるメガネで見る。
メリット	手軽に3Dを楽しめる。	簡便で安価な偏光メガネが使用できる。カラー画像にも対応。	画像が明るい。画質が良い。カラー画像にも対応。
デメリット	色味が大きく変わってしまう。目が疲れやすい。	偏光メガネによっては画像漏れが生じる。首を傾けると画像漏れが生じる。画素数が半減。偏光のみの光なので暗い。	メガネが重く、電池が必要。高価。やや目が疲れやすい。

7-6 記録媒体① 音の記録と再生

　オーディオの記録は、円筒の表面にエジソンが「メリーさんの羊」を吹き込んだ録音に始まります。このような蓄音機では、針が先端に付いたラッパを溝にあてながら手動で円筒を回転させて、ラッパを通して拡声されてくる音を耳をあてて聴いていました。ピックアップした振動をダイレクトに拡声するサウンドボックスがアームに取り付けられているタイプの蓄音機もありました。

● **アナログオーディオ**

　SP、LPといったアナログレコード盤の時代になるとピックアップカートリッジの針でステレオ録音されている溝の両側面をトレースして振動を電気信号に変換し、アンプで増幅してスピーカから再生される音を聴く方式へと進化していきました。その後、録音する媒体はオープンリールやカセットテープといった磁気テープ記録が使われました。そして円盤をモータで駆動して光磁気記録するCD、MDといった方式へと移行しました。現在では機械的な駆動部が不要な半導体メモリを使うシリコンオーディオプレーヤへと進化をとげています。

図 7-6-1　ゼンマイモータ・サウンドボックス式の蓄音機 HMV163

写真提供：(株)シェルマン(蓄音機専門店) www.shellman.jp

●デジタルオーディオ

CDやMDではピットとよばれるデジタルパターンが盤面に刻み込まれています。このピットパターンに半導体レーザ光線をあてて読み取りデジタル信号にします。このデジタル信号をDAコンバータでアナログ信号に変換したものを再生しています。

図7-6-2　CD再生のしくみ

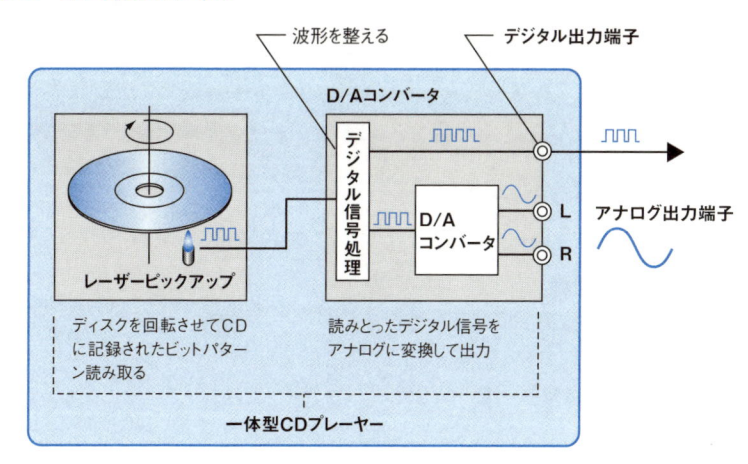

●ポータブルオーディオの進化

1979年に発売されたソニーのステレオカセットプレーヤ「ウォークマン」は、いつでもどこでも音楽がよい音質で楽しめるというコンセプトが世界中で受け入れられました。

記録媒体がカセットからCD、DAT、MDと進化を続け、今では半導体メモリへと変わってきましたが商品の基本コンセプトは今でも受け継がれています。

図7-6-3　ソニーのウォークマン

初代ウォークマン(磁気テープ) TPS-L2

現在のウォークマン(フラッシュメモリ) AW-E50シリーズ

写真提供：ソニー(株)

7-7 記録媒体② 画像の記録と再生

●デジタルカメラ

　静止画を撮るデジタルカメラと動画を撮るデジタルビデオカメラのしくみは、被写体をレンズを介して撮像素子上に映し出して電気信号に変換するという点では同じです。変換された信号は画像処理エンジンで整えられて液晶モニターに映し出すと同時に内蔵メモリかメモリカードに記憶されます。メモリから読み出された画像出力はパソコンに取り込んで表示したりプリントすることができます。

図 7-7-1　デジタルカメラのしくみ

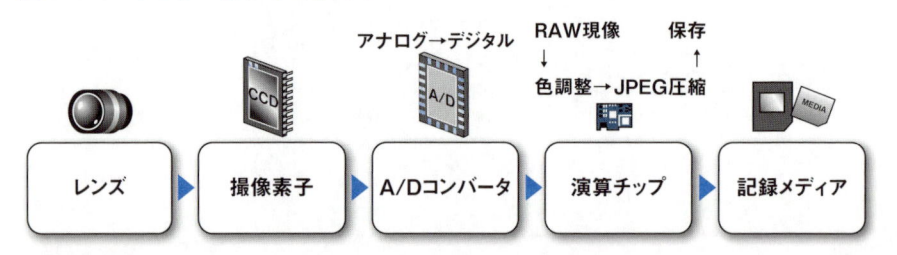

レンズ → 撮像素子（CCD） → A/Dコンバータ（アナログ→デジタル） → 演算チップ（RAW現像／色調整→JPEG圧縮／保存） → 記録メディア

【撮像素子】

　現在使われている主な撮像素子としては、CCDとCMOSがあります。CCDは高感度で低ノイズなのですが明るい被写体や強い入射光があると白飛び現象や光の滲みだし現象が発生します。CMOSには、このような現象がなく、低消費電力という特長があるので現在のデジタルカメラやビデオカメラではCMOSが主に使われています。

表 7-7-1　CCD素子とCMOS撮像素子の相対比較

	CCD	CMOS
感　度	◎	○
画　質	◎	○
画素数	○	◎
消費電力	×	◎
コンパクト	×	◎
電子シャッタ	○	○
ブルーミング	×	◎

●記録メディア

　デジタルカメラの記録は、本体に内蔵されているメモリに加

図 7-7-2　いろいろな記録メディア

図 7-7-3　SSD

出典：日本記録メディア工業会ホームページ

写真提供：株式会社グリーンハウス

えて図7-7-2に示すようなメモリカードを差し込んでメモリ容量を増設して使えるようになっている製品がほとんどです。

このようなカードの内部にはフラッシュメモリが実装されています。フラッシュメモリによっては記録情報が数年で消えてしまうものもあるので保存の必要がある情報は、CD-ROMやDVD-ROMに移し替えておく必要があります。

【HDDとSSD】

テレビ放送の画像記録は磁気テープからDVDやBDなどのディスクや大容量のハードディスクドライブ(HDD)へと代わり、HDD録画装置を内蔵した大型薄型テレビが増えています。メモリカードより大容量なSSDとよばれるHDDと同じサイズにフラッシュメモリを実装した記憶装置が使われだしています。SSDは、可動部を持たないので信頼性が高く、読み書きの時間も速いので高速処理や信頼性が求められる用途に使われています。

●画像や映像の再生

記録した画像や映像再生ではモニタやテレビ、ビデオプロジェクタに接続して楽しむのが一般的ですが、ビデオプロジェクタを本体に内蔵しているデジタルカメラも製品化されています。このデジカメでは撮影画像やパソコン画面を60インチの大型画面まで投映することが可能です。

光源にLEDを使い、壁に小さいサイズの画面を投影できる簡易なプロジェクタを内蔵したデジカメやスマホが増えています。少人数の懇親会等で旅の思い出や仲間の活躍を試写して盛り上がるシーンで活用されています。

7．情報メディアと通信

7-8 記録媒体③ IC カード

● IC カードの構成

　IC カードの内部には、IC チップとデータ、および電源の受け渡しを行うアンテナが平面上に埋め込まれています。

　IC チップにはアンテナが受信したデータや電源を処理する高周波回路、高周波回路から受け取ったデータを処理する CPU、処理されたデータを記憶、更新するメモリ、高周波回路から受け取った電源を安定化して供給する電源回路から構成されています。

　IC カードは駅の自動改札システムに広く使われています。多くはソニーが開発した FeliCa とよぶ非接触型 IC カード技術が使われています。データのやり取りや電源供給には 13.56MHz の電波が使われています。JR 各社、私鉄各社との相互利用も進みつつあり 3,000 万枚以上の FeliCa カードが発行されています。自動販売機で利用可能な機種やコンビニ等店先でも利用できるところが増えています。

図 7-8-1　IC カードの内部構成

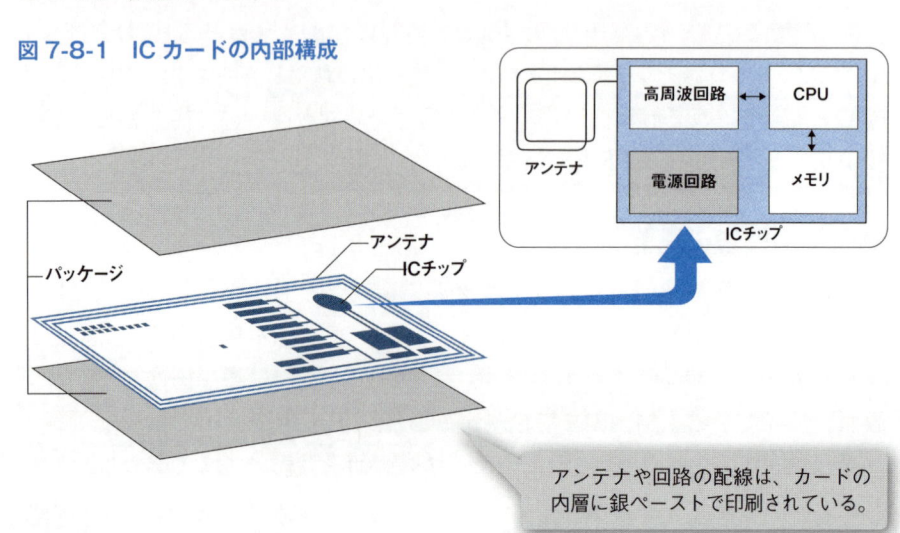

アンテナや回路の配線は、カードの内層に銀ペーストで印刷されている。

● IC カードの応用

　磁気カードから IC カードへ急速に移行したのは金銭や重要な情報を取り扱う分野では偽造や情報漏洩を防ぐ、よりセキュリティの高いシステムが必要とされたからです。

　JR と私鉄各社は、各社専用の磁気カードを発行していましたが、IC カードになり各社の相互利用が1枚のカードで可能になりました。SUICA や PASMO に代表される IC カードは数千万枚が発行され、乗車券、定期券機能に加えて自動販売機の購入機能、クレジット機能など用途を拡げています。またクレジットカード、個人情報が入っている住民基本台帳カード、ID カードなどいろいろな分野で IC カードが発行されています。

図 7-8-2　IC カード対応自動改札機

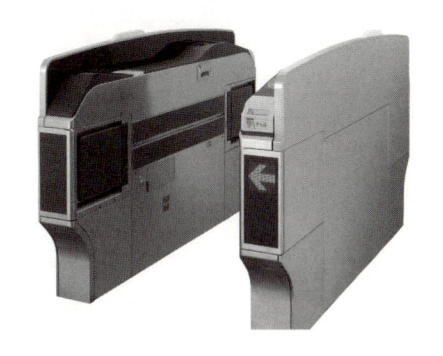

写真提供：オムロンソーシアルソリューションズ（株）

表 7-8-1　IC カードの種類と定義

カード	定　義
ID-1 型カード	JIX X 6301 に規定する公称寸法値幅85.60mm、高さ53.98mm 及び厚さ0.76mm のカード。
外部端子付きIC カード	演算及びメモリ機能を持ったIC と、電力の供給と信号の入出力を行う8端子以内の電気接点（コンタクト）を持ったIC カード。単にIC カードと略称することもある。
ISO 型 IC メモリカード	ISO 規格の外部端子付きIC カードと同一物理形状で、マイクロプロセッサを持たないIC メモリカード。
表示付きIC カード	IC カードにキーボード、表示素子などの入出力機能を備えることによって、IC カードの機能に加えて、カード単体の操作によって、メモリ内容の確認ができるなどの機能も備えているカード。

7-9 放送と通信

●放送と通信の比較

通信は双方向に音声やデータが交換できるシステムをさしました。一方、放送には構内放送や店内放送のような限られたエリアに放送するもの、小型FM放送やケーブルテレビ、防災無線のように限られた地域に放送するもの、ラジオやテレビのように無線の到達するサービスエリアへ向けて放送するものなど、放送対象によりさまざまな形態があります。

表 7-9-1 放送サービスと通信サービスの違い

	放送サービス	通信サービス
配信形態	・一方向 ・一斉配信	・双方向 ・個別配信
視聴形態	・編成やチャンネル数による制約 ・受け身視聴が基本	・オンデマンドで自由に可能となる能動視聴
カバレッジ	・広域向け ・最小範囲としても県域程度	・ネットワーク設定次第 ・無線の場合には人口集中域に重点
情報	・いわゆるマスメディア ・メインボディー(ヘッドコンテンツ)[※1]中心	・テイルコンテンツ[※2]に至るまで多様多彩に対応できる・CGM[※3]も可能

※1：ニーズの高い商品
※2：ニーズの低い商品
※3：Consumer Generated Media

出典：NHKホームページ

放送と通信のサービスを配信形態、視聴形態、カバレッジ(サービス範囲)、扱う情報からまとめると表7-9-1のようになります。

最近では、受信者も参加することのできる双方向性機能を持った放送が登場しています。通信は、特定の限られた対象者と通話したり、データの送受信をしたりするものでしたが最近では放送と通信の連携、融合が進んでおり、別々に分けて説明する必要のない状況になってきています。NHKではHybridcastと名付けられた放送通信連携サービスの研究が進められており、Hybridcastに対応したテレビの登場も迫っています。またこうした変化を受けて、通信と放送に分かれている現行法をハード階層からソフト階層へとレイヤーに分けて1本に再編し、利用者保護に主眼をおいた情報通信法が現在、策定されています。

図 7-9-1　IP 電話のしくみ

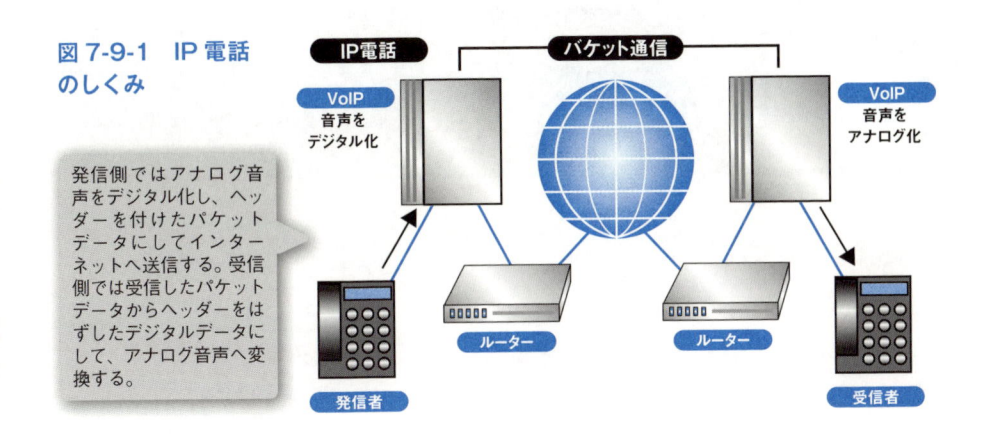

発信側ではアナログ音声をデジタル化し、ヘッダーを付けたパケットデータにしてインターネットへ送信する。受信側では受信したパケットデータからヘッダーをはずしたデジタルデータにして、アナログ音声へ変換する。

●通信と放送の融合例

[携帯電話]

　携帯電話の通信の主体は大手電話会社の無線キャリヤを使って行われていますが、IP 電話、社内 LAN などさまざまな回線を介したサービスからの乗り入れが行われています。また、携帯電話はカメラ機能、ワンセグのテレビ受信機能、インターネット閲覧機能など多機能化した多機能情報端末へと進化しています。さらに携帯電話においてもデータの保管、利用するソフトのクラウド化が進んでいます。

[IP 電話]

　アナログの加入回線を使う電話では音声はアナログのまま回線を伝送されますが IP 電話ではデジタルデータに変換され、パケットデータとしてデジタル通信回線を使って送られます。交換装置が簡単になるため通話料金も加入電話に比べて割安となるので普及が加速しています。またテレビ電話や複数個所を結んで行うテレビ会議へも用途を拡げています。

【テレビ会議】

　テレビ会議にする遠隔地の多地点同志の会議が可能になり、旅費や時間を節約して会議の開催ができます。簡易なテレビ会議システムは、携帯電話や VoIP を使ったビデオ会議が可能ですが多地点を高画質で結び、エコー除去などの機能の付いた本格的なテレビ会議システムも提供されています。

7-10 インターネットの進化
IPv4 から IPv6 へ

　写真や音楽など、コンテンツの入っているコンピュータや、それを見るために私たちのコンピュータはすべて、インターネット・サービス・プロバイダ（ISP）を介してインターネットにつながっています。つなぐために必要となるIPアドレスが現在のIPv4の約43億では不足となってきたので約43億の4乗と、IPv4に比べると桁違いに多くアドレスをとれるIPv6へ移行しつつあります。

● IPv4 と IPv6 の IP アドレス数

　IPv4は32ビットなので2の32乗のIPアドレスがあります。一方、IPv6は128ビットになるので2の128乗のIPアドレスがあります。すなわち、IPv4のIPアドレスは、2の32乗なので、10進数では42億9,496万7,296となり、世界の人口は70億人を越えていますからIPアドレスをすべての人に割り振ることができないことになります。一方のIPv6のIPアドレスは、2の128乗なので10進数では約3.4×10の38乗となり、世界の人口が100億人（10の10乗）になっても1人当たり約3.4×10の28乗ものIPアドレスを割り振ることができます。これで1人が多くのIPアドレスを使ってもIPアドレスが不足するといった問題が発生することはまずなくなります。

表 7-10-1　IPV4 と IPV6 の違い

	IPv4	IPv6
IP アドレスの数	2の32乗（少ない） 約43億	2の128乗（多い） 43億の4乗（340澗）
セキュリティ機能	標準では用意なし 別途対策が必要	標準で用意されている
IP アドレスの設定	手動で設定	自動で設定
NAT	IP不足解消のため よく使われている	原則的には必要なし
ピア・ツー・ピア通信	ピア・ツー・ピアを使うための 専用のソフトが必須	汎用ソフトにピア・ツー・ピア機能が 組み込まれていく

● **IPv4 と IPv6 の違い**

IPアドレス数以外のIPv4とIPv6の違いをまとめると表7-10-1のようになります。

【NAT】

NAT (Network Address Translation) は、IPを使う通信の宛先、もしくは送信元のIPアドレスを別のアドレスにすり替えて通信を行う技術のことです。

IPヘッダ内の始点アドレスと終点アドレスの変換を行います。アドレスの変換は、ひとつのプライベートアドレスに対し、ひとつのグローバルアドレスを割り当てます。そのため、インターネットにアクセスするノード分のグローバルアドレスを用意しなければならなくなります。

【ピア・ツー・ピア通信 (P2P) とマルチキャスト配信】

IPv6のP2Pでは大容量ファイルの送信や遠隔会議など1対1通信を対等な立場で実現できます。また、映像などを多くの人に同時に配信するマルチキャスト機能が備わっているので、ルータ間のセッションが不要となり、効率的で遅延の小さい配信が可能となり、緊急放送や遠隔教育などに適しています。また、信頼性の高い通信ができるので企業の各拠点への一括映像配信などにも活用できます。

図7-10-1　マルチキャスト配信の概念

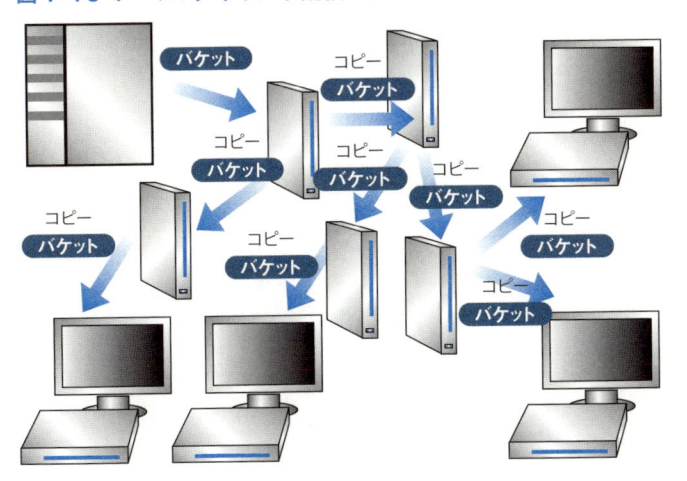

1つのパケットが経路上で複製されながら端末まで送り届けられるのでネットワークのトラフィックやサーバーの負荷を軽減できる。

7-11 地上デジタルテレビ放送

●地上デジタルテレビ放送の送信アンテナ

2011年7月24日に地上アナログテレビ放送は終了し、地上デジタルテレビ放送に移行しました（岩手、宮城、福島の東北3県は2012年3月31日にアナログ放送を終了）。首都圏をサービスエリアとする地上デジタルテレビ放送の電波塔として建設された東京スカイツリーは、2012年春から試験放送を開始します。2013年1月からは、本放送を開始し、東京タワーからの地デジ放送は停止される予定です。

東京スカイツリーのアンテナは、1ユニットが4段20面2システムの160面からなる多面合成アンテナです。このアンテナ4ユニットが同心円上に取り付けられ、合計640面から構成されています。このアンテナを取り付けられるのは上層部のアンテナゲイン塔とよばれる部分で、この部分の長さは140mもあります。

図7-11-1
東京スカイ ツリー先端部

●地上デジタル放送の送信周波数

地上デジタル放送ではUHF帯（13CH、470MHz〜62CH、770MHz）が使われます。アナログ放送では受信電波が弱くなるにつれて画質も徐々に劣化していきました。

一方、デジタル放送ではある程度の距離になるまでは乱れることのない良質な受信画質を保つことができます。

また、場所によってはビルの壁面からの反射波でアナログ放送ではゴーストとよばれる劣化した画像になりましたが、デジタル放送では反射波をかき集めて良質な受信画質を得ることもできます。

図 7-11-2　地上デジタル放送のイメージ

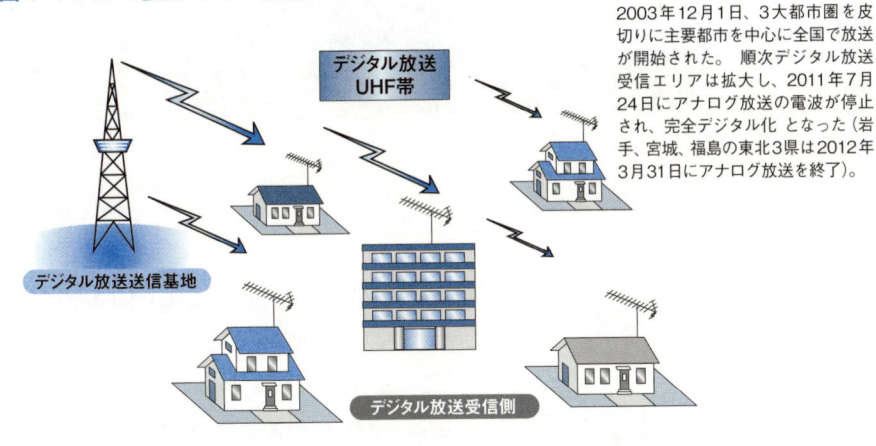

2003年12月1日、3大都市圏を皮切りに主要都市を中心に全国で放送が開始された。順次デジタル放送受信エリアは拡大し、2011年7月24日にアナログ放送の電波が停止され、完全デジタル化 となった（岩手、宮城、福島の東北3県は2012年3月31日にアナログ放送を終了）。

種　別	アナログ放送	デジタル放送
画　質	標準画質　640×480	デジタルハイビジョン画質　1,440×1,080
付加情報	なし（一部文字放送）	データ放送
番組表	なし	電子番組表（EPG）
移動受信	移動時　不安定受信	移動時の安定受信（ワンセグ含む）
音　質	ラジオ放送並の音質	CD 並の高音質

資料提供：サン電子（株）

　テレビ局では1,920×1,080の信号を地上デジタル放送の規格「ISDB-T」に沿って横方向に圧縮（1,440×1,080）し、1,440×1,080の信号に「16：9」の画角情報を一緒に送信しています。テレビ受像機では画角情報に従って16：9（1,920×1,080とか1,366×768）に引き伸ばしてアスペクト比を16：9として表示しています。

　このように地上デジタルテレビ放送で横方向の画素を減らして放送しているのは送信所の送信アンテナと受信アンテナの距離の差が異なっており、遠いところでは信号減衰やノイズの影響で実質15Mbps位（放送衛星で実質22Mbps位）になってしまうためです。

7-12 光通信

　光通信には光ファイバーを使う有線通信と赤外光線を放射する無線通信があります。

　日本と海外を結ぶ国際通信網には、天候等に左右されることがなく、伝送損失が小さく、通信容量の大きい光ファイバー海底ケーブル網が使われています。赤外線の無線通信の代表が各種電化製品に使われているリモコンです。携帯電話には複数の端末でデータのやり取りができる赤外線通信機能が付いているものが多数あります。

●光送信モジュールと光受信モジュール

　送信データである電気入力信号は、光送信モジュールのLEDやLDで光データ信号に変換されて光ファイバーへ送り込まれます。光ファイバーを通過した光データ信号は、光受信モジュールのフォトダイオード（PD）で電気データ信号に変換されて出力信号として送られます。光送信モジュールは、TOSA（Transmitter Optical Sub Assembly）、光受信モジュールは、ROSA（Reciever Optical Sub Assembly）とよばれることがあります。

図7-12-1　光通信のしくみ

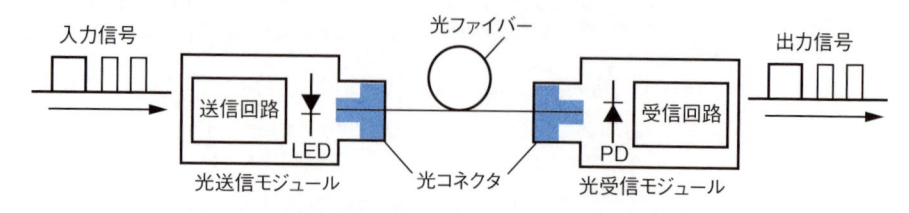

●光ファイバーケーブルの構造

[光ファイバー]

　光ファイバーはコアとよばれている芯部分とコアの外側のクラッド部分よりなります。クラッドよりコアの屈折率を高くすることにより光をコア内で

全反射して伝播するようにしています。コアとクラッドには光の透過率が高い石英ガラスやプラスチックが使われています。光ファイバーケーブルは、光ファイバーを複数本束ねてケーブルにしたもので、光ファイバーの外側を被覆して保護しています。

[テンションメンバ]

テンションメンバは光ファイバーケーブルを敷設するときにかかる張力から光ファイバを守る役割を持っています。テンションメンバに鋼線が使われるのが一般的ですが無誘導な環境が求められる場合にはFRP（繊維強化プラスチック）が、屈曲性が求められるときにはアラミド繊維がテンションメンバとして使われます。

[被覆]

敷設された環境下で光ファイバーを守る役割を担っているのが被覆で、シースともよばれています。材質はポリエチレンが一般的ですが、敷設環境により、難燃性対策とか鳥獣対策、海底ケーブルでは水深に対応した対策を施した被覆が施されています。

図7-12-2　光ファイバーケーブルと伝播のしくみ

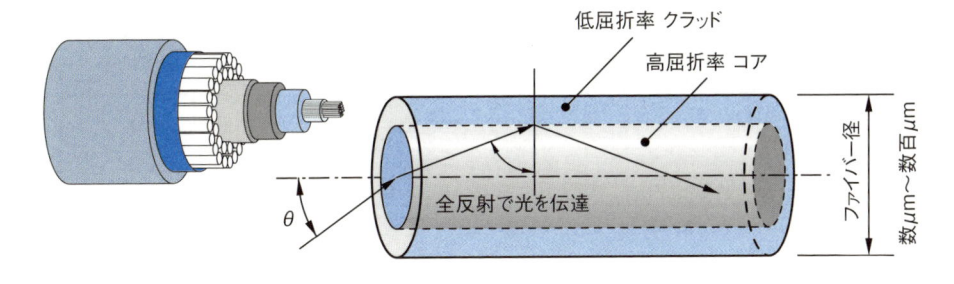

●国内の海底ケーブル JIH（Japan Information Highway）

日本列島を結ぶJIHは、列島を1周する幹線5,800kmと、幹線と17の陸揚局とを結ぶ支線4,500kmよりなる合計10,300kmの海底ケーブル網です。JIHは、国内通信の基幹の役割とともに国際海底ケーブル網との相互接続ポイントとして重要な役割を担っています。

■巻末資料

主な電気用図記号（JIS C 617 より）

区分	名称	記号	名称	記号
電源	直流		交流	
	電池		発電機	G
接地	大地接地		フレーム接地	
抵抗	固定抵抗		可変抵抗	
コンデンサ	固定コンデンサ		可変コンデンサ	
コイル	インダクタ（空芯コイル）		インダクタ（磁芯コイル）	
ダイオード	ダイオード一般記号		発光ダイオード	
トランジスタ	pnpトランジスタ		npnトランジスタ	

電気に関する主な発見、発明の歴史

年	発明、発見者	発明、発見の概要
1600	ギルバード	地球が大きな磁石であることや静電気を検出する回転検電器を発見。
1660	ゲーリッケ	静電発電機（摩擦起電器）を発明。
1746	ミュッセンブルグ	静電気をためるライデン瓶を発明。
1752	フランクリン	凧上げ実験を通して雷が電気であることを証明。
1780	ガルバニー	蛙の神経をメスで触ると痙攣することを通して生体電気を発見。
1785	クーロン	精密なねじり天秤を製作し電気力を測定しクーロンの法則を発見。
1800	ボルタ	湿った布で2種類の金属を隔てたボルタの電池を発明。
1820	アンペール	平衡に流れる電流間に働く力の解析や右ねじの法則を発見。
1826	オーム	電圧、電流、抵抗の間に成立するオームの法則を発見。
1831	ファラデー	電気と磁気の相互作用である電磁誘導の法則を発見。
1840	ジュール	電流の2乗に比例して発生するジュールの法則を発見。
1860	キルヒホッフ	ある点に流れ込む電流と流れだす電流の総和が等しい法則を発見。
1865	マックスウエル	電気と磁気の作用を4つの方程式にまとめ、電磁波の存在を予測。
1876	ベル	電話機を発明し、助手との会話に成功。
1878	エジソン	炭素繊維をフィラメントに使った白熱電球を発明。
1888	ヘルツ	放電によって電磁波を発生させるヘルツの送信機を発明。
1897	トムソン	真空放電管内の陰極線に電界をかけると曲がることから電子を発見。
1899	マルコニー	ヘルツの送信機を使ってドーバー海峡横断無線通信に成功。
1947	ショックレーバディーンブラッテン	ベル研究所のショックレーをリーダーとする3人のチームが点接触型のトランジスタを発明し、増幅作用を確認。
1958	キルビー	集積回路を発明し、正弦波発生回路をつくる。

■巻末資料

最大電力発生日の時間別電力需要

最大電力発生日（2010年8月23日）における電気の使われ方（10電力合計）

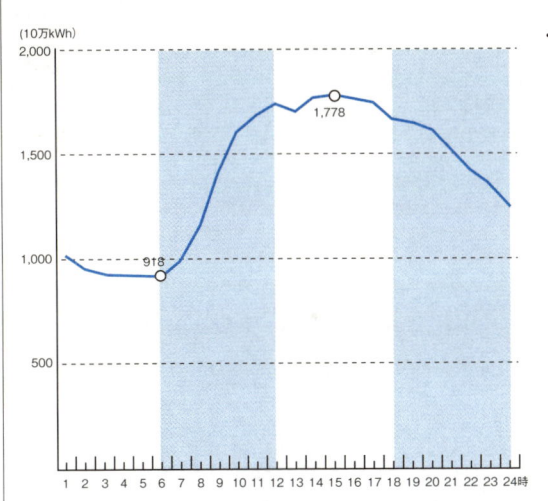

(10万kWh)
ピーク値 1,778
ボトム値 918

- 1日の中で電力需要のピークとボトムに約2倍の格差がある。電気は蓄えておくことができないエネルギーであるため、安定供給のためにはピーク時に対応できる設備を用意しておかなければならない。こうした格差を縮小するため様々なな工夫が行われている。

電源の最適な組み合わせ

- 水力、火力、原子力などの電源は、それぞれに経済性や地球環境への負荷などの特性が異なる。様々な環境の変化にも対応可能とするため、供給力を「ベース」、「ミドル」、「ピーク」の3種に分類し、各種電源を最適のバランスで組み合わせることが行われている。

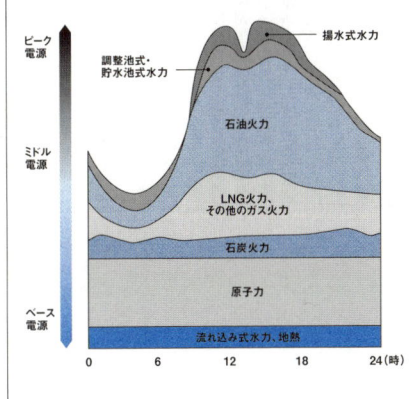

ピーク電源：揚水式水力、調整池式・貯水池式水力、石油火力
ミドル電源：LNG火力、その他のガス火力
ベース電源：石炭火力、原子力、流れ込み式水力、地熱

需給運用上の電源の主な特性

揚水式水力	電力需要の変動への対応が極めて容易であることから、急激な需要の変動、ピーク需要への対応供給力として活躍する。
調整池式・貯水池式水力	初期コストは高いが耐用期間平均で見ると経済性に優れ、電力需要の変動への対応が極めて容易であるため、ピーク供給力として活用する。
石油火力	運転コストは比較的高いが、資本費が安く、電力需要の変動への対応に優れることから、ピーク供給力として活用する。
LNG火力、その他天然ガス火力	運転コストが安く、資本費についても石炭火力よりも安く、電力需要の変動への対応に優れることから、ミドル供給力として活用する。
石炭火力	資本費は高いが、原子力に比べると電力需要の変動にも対応しやすいことから、ベース供給力とミドル供給力の中間供給力として活用する。
原子力	資本費は高いが、運転コストが安いため、ベース供給力として高利用率運転を行う。
流れ込み式水力	初期コストは高いが耐用期間平均で見ると経済性に優れ、ベース供給力として活用する。

出典：電気事業連合会「INFOBASE2011」

■ 巻末資料

最大電力、日最大電力の推移
・年最大電力は、毎年夏の暑い日に記録。
　最大電力、日最大電力の伸びは近年鈍化傾向にある。
・日本の最大電力は、経済の発展や冷房需要の増加などにより急速に上昇してきたが、近年その伸びに鈍化傾向が見られる。

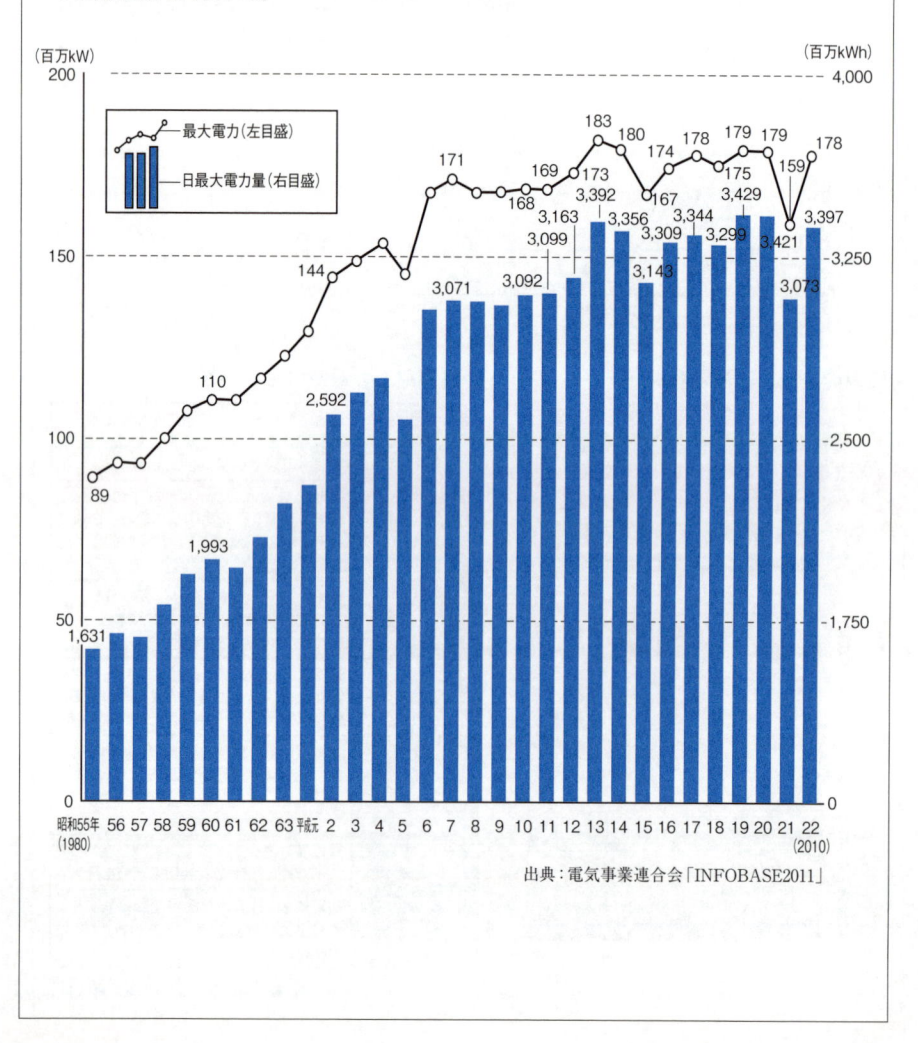

凡例：
- 最大電力（左目盛）
- 日最大電力量（右目盛）

最大電力（百万kW）：
昭和55年(1980): 89、56: ―、57: ―、58: ―、59: 110、60: ―、61: ―、62: ―、63: 144、平成元: ―、2: ―、3: ―、4: ―、5: ―、6: 171、7: ―、8: ―、9: ―、10: 168、11: 169、12: ―、13: 173、14: 183、15: 180、16: 167、17: 174、18: 178、19: 179、20: 179、21: 175、22(2010): 159 / 178

日最大電力量（百万kWh）：
1,631、…、1,993、…、2,592、…、3,071、3,092、3,099、3,163、3,392、3,356、3,143、3,309、3,344、3,299、3,429、3,421、3,073、3,397

出典：電気事業連合会「INFOBASE2011」

■**参考文献**

● **書　籍**

『新版・親切な物理（上・下）』渡辺久夫　正林書院　1959 年
『新版　電気の技術史』山崎俊雄・木本忠昭　オーム社　1982 年 12 月
『電池の科学』ブルーバックス B-678　橋本尚著　講談社　1987 年 2 月
『電子立国　日本の自叙伝（上）』相田 洋　日本放送出版協会　1991 年 8 月
『電力技術物語－電気事業事始め』志村嘉門　(社)日本電気協会新聞部　1995 年 9 月
『電池のはなし』池田宏之助・武島源二・梅雄良之　日本実業出版社　1996 年 12 月
『金属なんでも小事典－元素の誕生からアモルファス金属の特性まで』
　　　　増本健監修　ブルーバックス　1997 年 9 月
『闇をひらく光－19 世紀における照明の歴史』
　　　　ヴォルフガング・シルヴェルブシュ著　法政大学出版局　1988 年 3 月
『イラスト・図解　基本からわかる電気の極意』望月傳　技術評論社　2000 年 8 月
『すぐわかる! 燃料電池の仕組み—21 世紀の世界を変えるテクノロジー』
　　　　秋元格・千葉三樹男・山本寛　かんき出版　2001 年 9 月
『図解でわかる　電子デバイス』菊地正典・影山隆雄　日本実業出版社　2005 年 12 月
『図解雑学よくわかる　電気のしくみ』電気技術研究会　ナツメ社　2007 年 10 月
『カラー版徹底図解　電気のしくみ』新星出版社編集部　新星出版社　2008 年 3 月
『電気が面白いほどわかる本—目に見えない不思議な世界!』小暮裕明　新星出版社　2008 年 7 月
『電気が一番わかる』福田京平　技術評論社　2009 年 2 月
『「電気」のキホン』菊地正典　ソフトバンククリエイティブ　2010 年 4 月
『らくらく図解　LED　発光ダイオードのしくみ』安藤幸司　オーム社　2010 年 11 月
『しくみ図解　半導体レーザが一番わかる』安藤幸司　オーム社　2011 年 6 月

● **WEB サイトほか**

『HyperPhysics C.R.Nave Georgia State University 2012』
　　　　http://hyperphysics.phy-astr.gsu.edu/hbase/hframe.html
『All About Circuit　Tony R. Kuphaldt』
　　　　http://www.allaboutcircuits.com/
『INFOBASE　2011』電気事業連合会
　　　　http://www.fepc.or.jp/library/data/infobase/pdf/infobase2011.pdf

用語索引

数字・アルファベット

2進法	60
3次元ディスプレイ	161
4ビット処理	61
10キー・エンコーダ回路	64
ACサーボモータ	129
AED	146
AND回路	62
BWR	77
CCD	55,164
CCFL	137
CMOS素子	67
CT装置	146
DCモータ	124,128
DMOSFET	57
ECL素子	62
FeliCa	166
FET	55,57
FPD	160
HCFL	137
HDD	165
HEMT	57
HMV163	162
Hybridcast	168
IC	58
ICカード	166
IGBT	57
IHヒータ	141
IPv4	170
IPv6	170
IP電話	169
JIH	175
JKフリップフロップ回路	64
LCD	160
LED	56,138
LEDマトリックス式表示器	158
LNG	72
LSI	59
MOS-FET素子	62
MRI装置	146
NAS電池	118
NAT	170
OLED	160
OR回路	62
PASMO	166
PDP	160
PWR	77
ROSA	174
RSフリップフロップ回路	64
SiC	57
SI組立単位系	44
SSD	165
SUICA	167
TOSA	174
TRS	57
TTL素子	66
X線撮影装置	146

ア行

アクティブシャッター方式	161
アーチ式ダム	75
圧電素子	87
アナグリフ方式	161
アナログテスター	23
アルカリ乾電池	102
アンペア	18,44
イオン化	12,99
イオン化傾向	99
イオン電流	19
イグニッションコイル	43
一次電池	97,101,104
インダクションキック	43
薄型ディスプレイ	160
液化天然ガス	70,72
液晶ディスプレイ	160

ア行

オシロスコープ	23
オペアンプ	58
オーム	29
オームの法則	28,42
オーロラ	15

カ行

加圧水型軽水炉	77
回生ブレーキ	122,126
回路電流	19
化学電池	96
ガスタービン発電	72
活物質	98
過渡応答	42
ガバナースイッチ	51
可変抵抗	49
カーボンヒータ	141
雷	14
火力発電	72
ガルバーニ	94
き電線	39
逆起電力	126
急速充電	108
汽力発電	72
グランドレベル	46
クーロン	33
クーロンの法則	32
蛍光灯	136
ケイ素	52
血圧計	146
原子力発電	76
コイル	34,42,48,50
高圧送電鉄塔	91
高電子移動度トランジスタ	57
交流	38,88,123,130
交流発電	70,92
固定コンデンサ	48
ごみ発電	85

コンデンサ	42,48
コンバインドサイクル発電	73

サ行

サイクロン方式電気掃除機	144
サイリスタ	57
サーモスイッチ	51
酸化銀電池	97,103
三相交流	40
三相交流発電	123
ジェネレータ	36
磁界	24
磁気嵐	15
磁極	24
シーズヒータ	140
自由電子	16,18
周波数	38
重力式ダム	75
受動部品	48
ジュール	31
ジュールの法則	30
蒸気タービン	70
小規模集積回路	58
シリコン	52
磁力線	24,36
水銀電池	97,103
スイッチング素子	62
水力発電	74
スター結線方式	41
スピーカ	156
正極	98
正電荷	12
静電気	12,26
静電気放電	12
生物電池	96
整流ダイオード	56
整流・平滑回路	43
絶縁体	20,55

181

接触帯電	13
セパレータ	98,100
全加算回路	64
測位衛星システム	150

タ行

体温計	146
大規模集積回路	58
ダイナミックスピーカ	156
太陽光発電	78
太陽風	15
ダニエル電池	94
タングステンランプ	132
単相交流	40
地上デジタルテレビ放送	172
地熱発電	82
柱上トランス	89
超音波診断装置	146
調整池式	74
直流	38,40
直列回路	47
直流発電	70
貯水池式	74
抵抗	28,42,49
デジタルカメラ	164
デジタルサイネージ	159
デジタルマルチメーター	23
デルタ結線方式	41
電圧	18,22,28,96
電位	22
電位差	22,94,96
電界	24
電界効果型トランジスタ	57
点火プラグ	43
電荷密度	13
電荷量	13
電気回路	46
電極	96
電気力線	24

電気冷蔵庫	145
電子	12,16,18
電磁開閉器	50
電子回路	46
電子楽器	148
電子顕微鏡	17
電磁弁	50
テンションメンバ	175
電磁リレー	50
電子レンジ	142
電離	12,16
電流	18
電流センサ	19
東京スカイツリー	172
導体	20,55
ドラム式自動洗濯機	144
トランス	48
トリクル充電	108
トリマコンデンサ	49

ナ行

内燃発電	72
流れ込み式	74
ナトリウム・硫黄電池	118
ナビゲーションシステム	149
鉛蓄電池	110
ニクロム線式ヒータ	140
二次電池	96,106,110,112,114,116
ニッケル・カドミウム電池	112
ニッケル・水素電池	114
ノイマン	111

ハ行

バイオマス発電	84
バイポーラトランジスタ	57
白熱電球	132
剥離帯電	13
バーコード	153

用語索引

バックアップ蓄電システム …… 120	放電電流 …………………… 19
発光ダイオード …………… 56	補償充電 …………………… 108
発電機 …………………… 36,70,122	ボルタ ……………………… 94
発動発電機 ………………… 86	ボルタの電堆 ……………… 94
発熱体 …………………… 132,140,142	ボルタの電池 ……………… 98
発々 ………………………… 86	
バリアブルコンデンサ ……… 49	**マ行**
バリコン …………………… 49	
波力発電 …………………… 83	マイクロ波 ………………… 142
ハロゲンサイクル ………… 134	マイクロフォン …………… 154
ハロゲンヒータ …………… 140	マグネトロン ……………… 143
ハロゲンランプ …………… 133	摩擦帯電 …………………… 13
半導体 …………………… 20,52,56	マンガン乾電池 …………… 101
ピア・ツー・ピア通信 …… 171	右手の法則 ………………… 36
ピエゾシート ……………… 87	みちびき …………………… 150
光ファイバー ……………… 174	密閉型鉛蓄電池 …………… 110
非接触型ICカード ………… 166	ムーアの法則 ……………… 58
左手の法則 ………………… 36	メガフォン ………………… 156
被覆 ……………………… 21,175	メモリー効果 ……………… 112
ファラデー ………………… 35	モータ …………… 122,124,128,144
ファラデーの電磁誘導法則 … 34	
フィラメント …………… 132,137	**ヤ行**
風力発電 …………………… 81	
負極 ………………………… 99	有機ELディスプレイ ……… 160
沸騰水型軽水炉 …………… 77	誘導帯電 …………………… 13
物理電池 …………………… 96	容量可変コンデンサ ……… 49
負電荷 ……………………… 12	
浮動充電 …………………… 108	**ラ行**
プラズマディスプレイ …… 160	
フラッシュメモリ ………… 164	ライデン瓶 ………………… 26
フレミング ………………… 37	ラッシュカレント ………… 133
フレミングの法則 ………… 36	リチウムイオン電池 ……… 116
フロート充電 ……………… 108	リチウム電池 …………… 96,104
分極 ……………………… 95,99,115	リテーナー方式 …………… 111
分電盤 ……………………… 51	流動帯電 …………………… 13
並列回路 …………………… 47	冷陰極管蛍光灯 …………… 138
ヘッドマウントディスプレイ … 161	レンズの法則 ……………… 34
ヘルツ …………………… 38,44	ロックフィル式ダム ……… 75
偏光方式 …………………… 161	
ボイスコイル …………… 48,154	

183

■著者紹介

安藤幸司（あんどう　こうし）
1956年 愛知県豊田市生まれ。1978年 名古屋工業大学機械工学科卒業。1978年 ㈱ナック入社。2000年 ㈱日本ローバー入社。2001年 アンフィ（有）設立。主な活動：画像（計測カメラ）を用いた計測システムの開発に従事。Webサイト「AnfoWorld」運営。専門は光学、電子工学、機械工学。著書：『光と光の記録〔光編〕』『光と光の記録〔光編その2〕』産業開発機構　『らくらく図解　発光ダイオードのしくみ』オーム社　『しくみ図解　半導体レーザが一番わかる』技術評論社『らくらく図解　CCD/CMOSカメラの原理と実践』オーム社

常深信彦（つねふか　のぶひこ）
1943年 東京都生まれ。1968年 大阪大学基礎工学部制御工学科卒業。1984年まで 日立製作所多賀工場でIT機器の開発に従事。1991年より 日立工業専門学院で電磁環境関連の教育に従事。1999年より 日立・技術研修所でプランニングマネージャ。2006年より ㈱アビリティ・インタービジネス・ソリューションズ東京支店に勤務。2010年より ㈱ダイコーテクノに勤務　EMCT研究会会員。著書：『ディジタル回路』オーム社　『しくみ図解　発光ダイオードが一番わかる』技術評論社　『画像エレクトロニクス』（編著）オーム社

- ●装　丁　　　　　中村友和（ROVARIS）
- ●作図＆DTP　　　Felix 三嶽 一
- ●編　集　　　　　株式会社オリーブグリーン　大野 彰

しくみ図解シリーズ
電気の基礎が一番わかる

2012年6月25日　初版　第1刷発行
2019年4月24日　初版　第2刷発行

著　者	安藤幸司　常深信彦
発行者	片岡　巖
発行所	株式会社技術評論社
	東京都新宿区市谷左内町 21-13
	電話
	03-3513-6150　販売促進部
	03-3267-2270　書籍編集部
印刷／製本	株式会社加藤文明社

定価はカバーに表示してあります

本書の一部または全部を著作権法の定める範囲を超え、無断で複写、複製、転載、テープ化、ファイル化することを禁じます。

©2012　安藤幸司　常深信彦

造本には細心の注意を払っておりますが、万一、乱丁（ページの乱れ）や落丁（ページの抜け）がございましたら、小社販売促進部までお送りください。送料小社負担にてお取り替えいたします。

ISBN978-4-7741-5103-8 C3054

Printed in Japan

本書の内容に関するご質問は、下記の宛先まで書面にてお送りください。お電話によるご質問および本書に記載されている内容以外のご質問には、一切お答えできません。あらかじめご了承ください。

〒162-0846
新宿区市谷左内町 21-13
株式会社技術評論社　書籍編集部
「しくみ図解」係
FAX：03-3267-2271